とくべつないつも
JKまやりん編
JN065959

オーバーオール¥3,999／WEGO　トップス¥4,290／SPIRALGIRL　その他／スタイリスト私物

プロローグA

時をかける17才

まいにちから目が覚めたら
あっという間に高校ラストイヤー
17才

高3の「もう若くないから」
は15だった自分にとっては
それはそれはもう本当
真実のコトバ

SHIMIZU CORPORATION

ということで

ファッションもメイクも生き方も

シンプルになりました

【悲報ではない】

1、2年でも大人になるし

大人にならなきゃだし

考え方もシンプルになりました

カンカン帽 ¥20,900／Barairo no Boushi　その他／スタイリスト私物

Tシャツ￥2,090／原宿シカゴ竹下店　パンツ￥13,200／SPIRALGIRL
キャップ￥2,310／スピンズ　その他／スタイリスト私物

「憧れの人は?」と聞かれても
誰も思い浮かばない
でも自分に自信があるってことではぜんぜんない
モデル、YouTuber、プロデューサー、高校生
子育て1年目のお母さん
自信なんてないけど
2つのリアルな今がめいっぱい大変だから
2つがとびっきり楽しい
私は私のなかでもいいほう

シャツ¥8,800、パンツ¥8,800／ともにjóuetie　ネックレス
（3本セット）各¥999／WEGO　その他／スタイリスト私物

学生少女とママ見習いが
同じ道をパラレルしてて
角でぶつかって入れ替わる
なんてないけど
仲良く手を取って
それぞれができることをやる
勝ち負けもない
現実的なきせきのストーリーズ

ジャケット¥10,780、ビスチェ¥3,278／ともにヴォルカン&アフロダイティ渋谷109店　パンツ¥6,490／ラスボア渋谷109店　その他／スタイリスト私物

17才まやのストーリーズA面

とくべつないつも
―JKまやりん編―

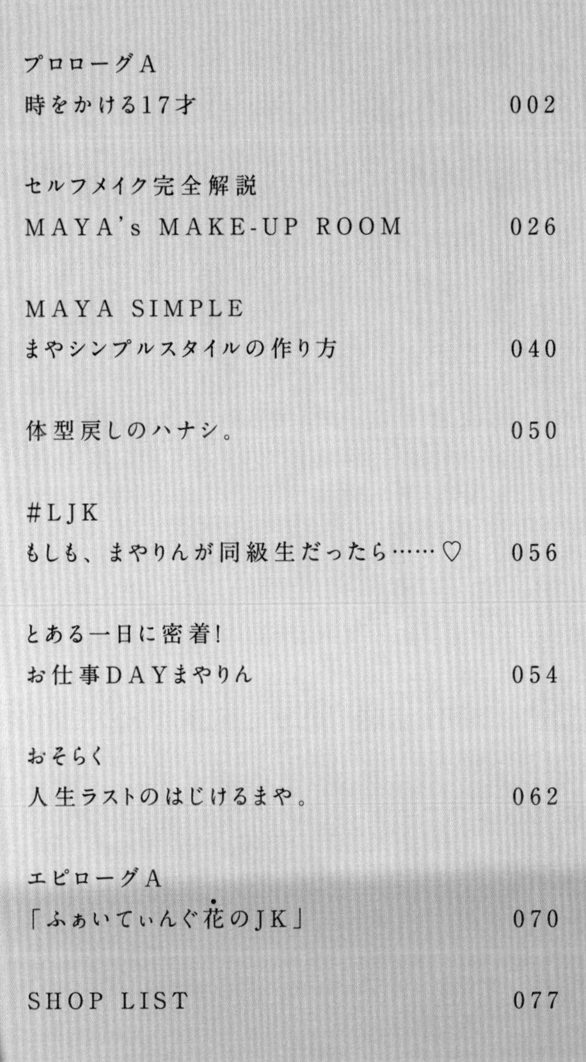

メイクはね
少しだけ
大人になりました

セルフメイク完全解説

MAYA's MAKE-UP ROOM

いつもかわいいまやりんのメイクを
知りたい!!という声に応えちゃいます♡
この企画に出てくるコスメは
ALLまやりんの私物です。
ではまやりんのセルフメイクを
徹底解説、スタートッ!!

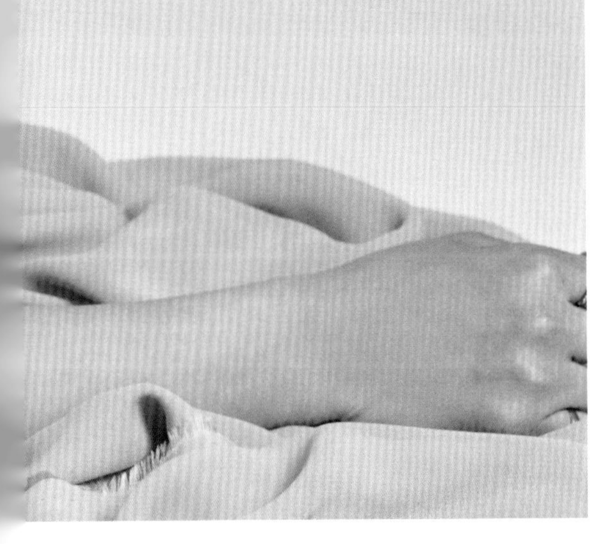

ヒョウ柄ワンピース¥3,080、トップス¥3,210／ともにスピンズ　その他／スタイリスト私物

NEW STANDARD

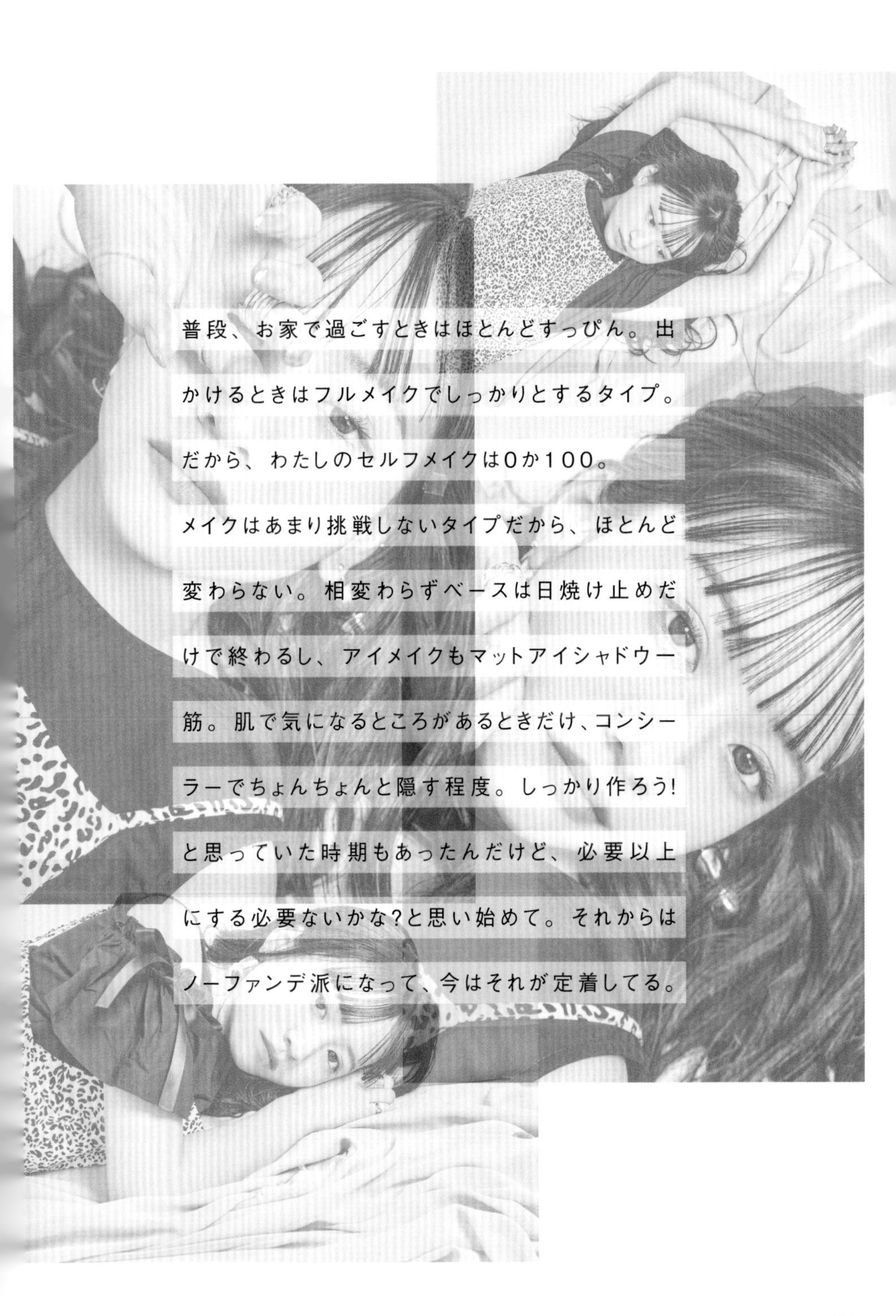

普段、お家で過ごすときはほとんどすっぴん。出かけるときはフルメイクでしっかりとするタイプ。だから、わたしのセルフメイクは0か100。メイクはあまり挑戦しないタイプだから、ほとんど変わらない。相変わらずベースは日焼け止めだけで終わるし、アイメイクもマットアイシャドウ一筋。肌で気になるところがあるときだけ、コンシーラーでちょんちょんと隠す程度。しっかり作ろう!と思っていた時期もあったんだけど、必要以上にする必要ないかな?と思い始めて。それからはノーファンデ派になって、今はそれが定着してる。

\ BEFORE /

すっぴん！

#まやの毎日メイク

普段のメイク時間は40分くらい。でもまゆげの仕上がりにかなり左右される。前髪で隠れることが多いけどキマらないと気になっちゃう。

ALL私物コスメ

USE IT!!

A

スキンアクア
トーンアップ
UVエッセンス

B

ザセム
チップ
コンシーラー
0.5

C

エテュセ
ペンシルブロー
ライナー
ダークグレー

D
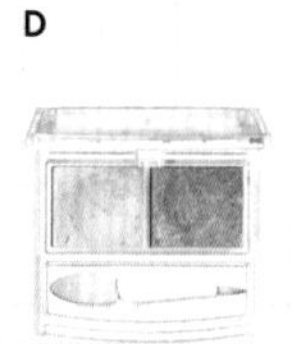
セザンヌ
パウダリー
アイブロウパウダー
P3

E

M･A･C
スモール
アイシャドウ
#ウェッジ

F

M･A･C　スモール
アイシャドウ×9
アンバー
タイムズ ナイン

G

ヒロインメイク
スムースリキッド
アイライナー
02

H
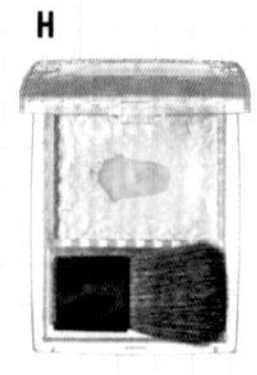
セザンヌ
パールグロウ
ハイライト01
シャンパンベージュ

I

セザンヌ
シングルカラー
アイシャドウ
04

J

マジョリカ
マジョルカ
ラッシュジュエリー
ドロップEX

K

キャンメイク
クイックラッシュ
カーラー
透明タイプ

L

デジャヴュ
ファイバーウィッグ
ウルトラロング

M

M･A･C
パワーポイント
アイ ペンシル
#エングレイブド

N

M･A･C
リップスティック
#トープ

START!!

1
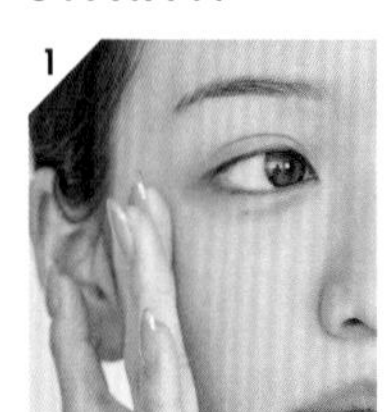
スキンケア後にAの日焼け止めを全体に塗る。ニキビや気になるところはBのコンシーラーで部分的にカバー。

2
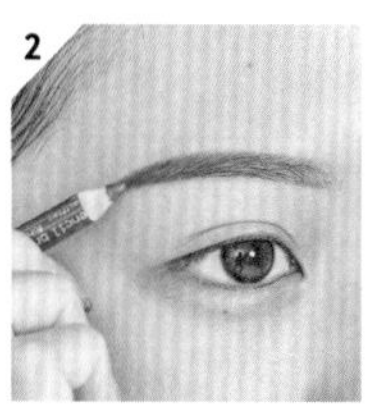
まゆげは少し暗い色のCを愛用中。まずは左右のバランスを見ながら、Cのペンシルでアウトラインを描く。

3
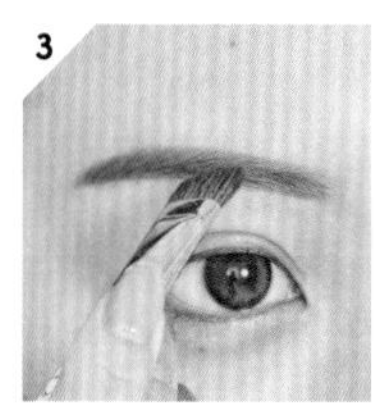
Dの右の色をブラシに取り、2で描いた枠の内側を埋めていく感じに。まゆ頭は濃くなりすぎないよう注意！

こだわり！

ファンデは**塗らない。**
気になるところはコンシーラーで。

トーンアップ日焼け止めを塗れば、肌がほどよく明るく見えるからファンデはいらない。パウダーも使わない派。

こだわり！

まゆげは限りなく**左右対称**に描きたい！

まゆげのポイントは、右の自まゆが上がり気味だから左のまゆげを描きたしながら、左右差をなくすこと。

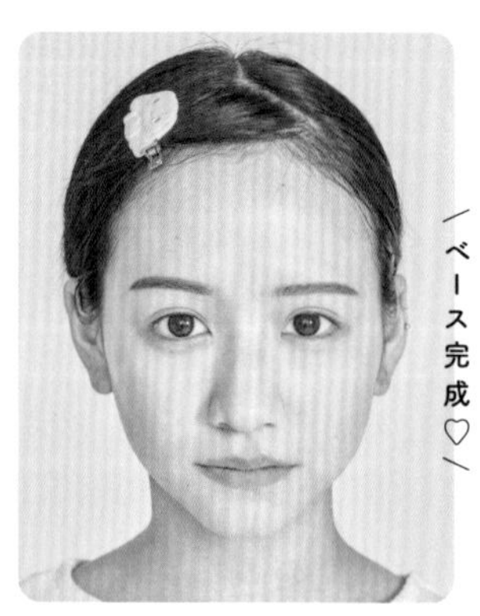

\ ベース完成♡ /

4

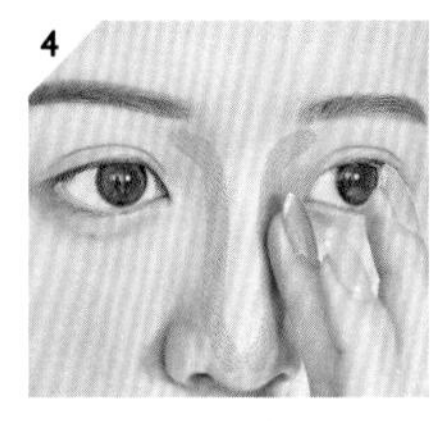

Dの右の色でノーズシャドウを入れる。まゆ頭から鼻先までつなぐように塗り、鼻先はV字になるように塗る。

5

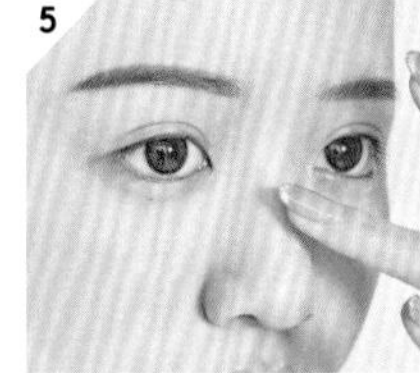

Bのコンシーラーを指先に少量つけたら鼻筋にのせる。4のノーズシャドウも修正しつつ、まっすぐにすっと伸ばす。

6

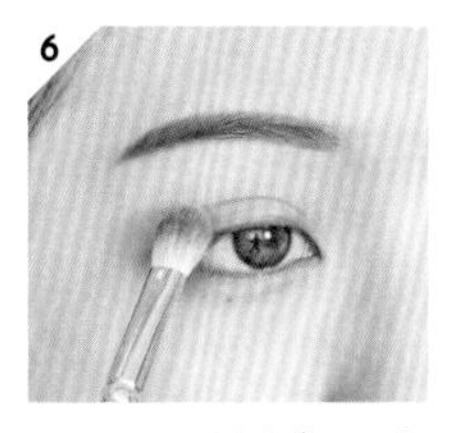

Eのアイシャドウをブラシに取り、二重幅より少し広めにのせる。目尻側は少しオーバー気味にのせる。

7

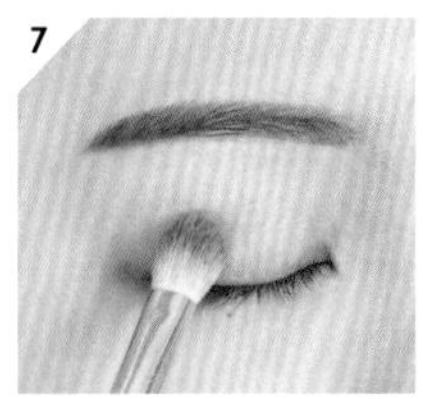

Fの中段、右側の色をブラシに取り、6の色となじませつつ、二重幅中心にのせて目元を引き締める。

8

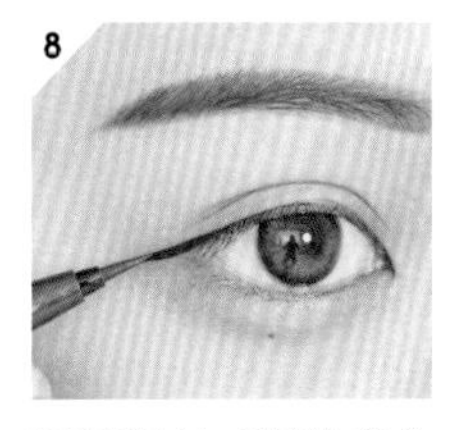

Gのアイライナーでアイラインを引く。黒目の終わりから引き始め、目尻は8ミリ長めに、自然に伸ばす。

9

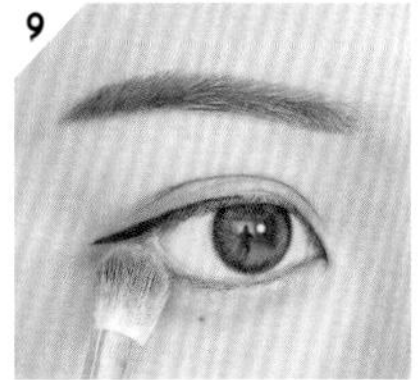

Fの中段、右側の色をブラシに取り、下まぶたに塗る。目尻側はアイラインにつながるように塗ると◎。

10

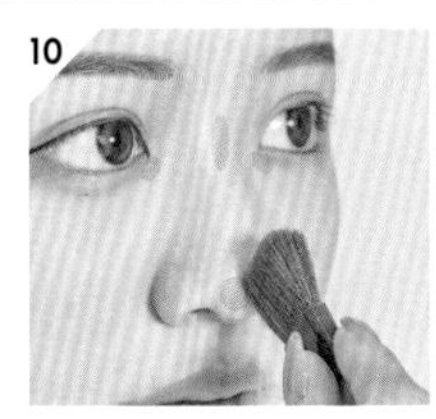

Hのハイライターを付属のブラシに取り、鼻根と鼻先に塗って立体感を出す。目頭にも塗り、目元を明るく！

11

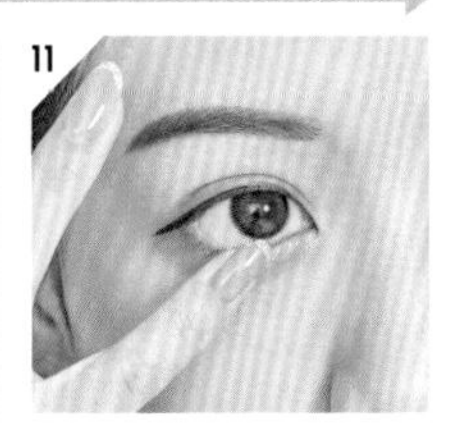

Dの左の色とIのアイシャドウを混ぜながら指に取り、涙袋にのせる。黒目下が一番濃くなるように左右にぼかす。

こだわり！

アイシャドウは相変わらず **マット一筋**

アイシャドウはずっとブラウン、ずっとラメなし。目元をキラキラさせるのはあまり好きじゃない。マスカラもアイラインもずっと黒だし。アイメイクはブレてない。

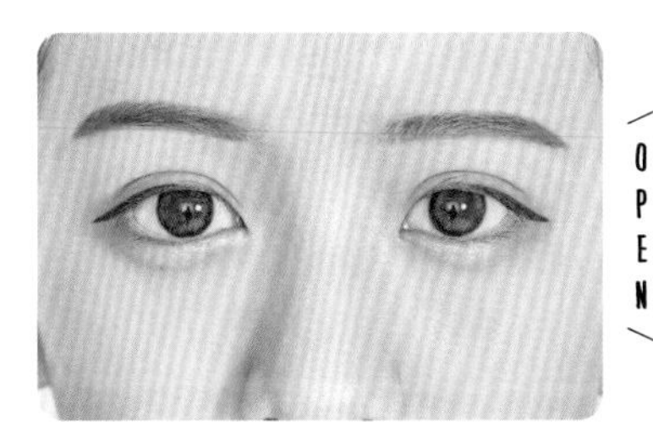

OPEN

CLOSE

12

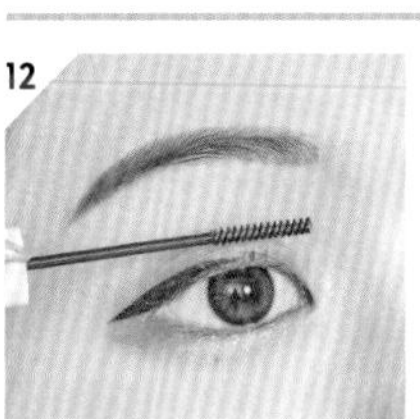

ビューラーでまつげを根元からカールして、Jの美容液を塗り、Kのベースマスカラをまつげの根元から塗る。

13

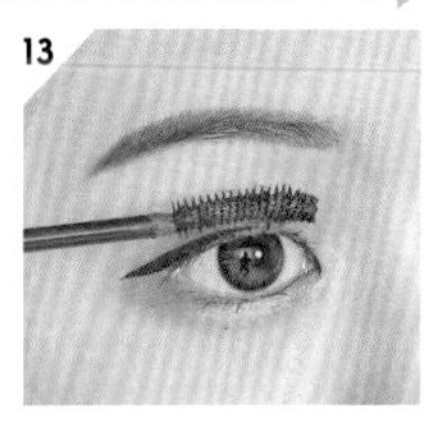

12のマスカラが乾いてから、Lのマスカラを重ね塗り、長さをしっかりとだす。ダマにならないように注意！

FINISH!!

14

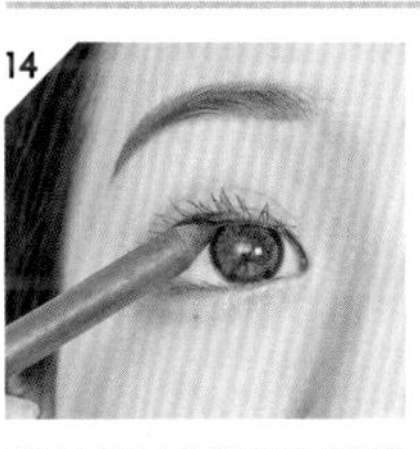

正面から見たときに見える粘膜部分をMのペンシルで埋めて、まつげの密度を上げる。目頭側は埋めなくてOK。

15

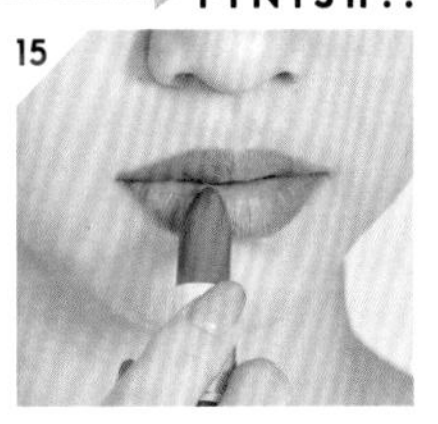

Nのリップを全体に塗ったら完成。山は作らず、上唇は自分のくちびるよりほんの少し内側を塗るようにしているよ。

LIP CHANGE

メイクは
基本変わらない。
リップで雰囲気を
変えていくタイプ

リップコスメは大好きだから、メイクはリップで変えていくタイプ。今回の撮影で見返してみたら、持っているリップの色が超似てた。ソフトマット、ベージュ、赤みが、まやの定番。

レザーワンピース¥1,899／GRL

HOW TO

最初にスタディッド キスを全体に塗ってから#フォトを重ね塗り。#フォト単体より、少し深みが出て大人っぽさが増す。

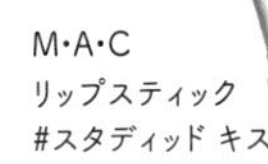

M·A·C
リップスティック
#フォト

M·A·C
リップスティック
#スタディッド キス

\ すっぴん、ナチュラルメイクのとき用 /

見た目はちょっと濃い色に見えるでしょ？でもまやのくちびるに塗るとほどよく血色がUPした感じになるの！

\ バズったリップは欲しくなるタイプ（笑） /

おしゃ顔になれるブラウンリップ。マットじゃないから、普段使いしやすくてさっと塗るときに便利。

\ NOグロス派の私が好きな1本 /

まわりの評判がよくて購入。保湿力もあるからこれを塗ってから口紅を塗ることもあるよ。気分を変えたいときにも◎

#CUSUAL

CHANGE 1

USE IT!

M・A・C
リップスティック
#スモークドアーモンド

明るめのベージュブラウンリップ。少しコーラルっぽさもあるから、カジュアルな服装にも使える万能色！

CHANGE 2

USE IT!

M・A・C
リップスティック
#マラケシュ

人気カラーのひとつの#マラケシュ。一度塗りで薄めに塗っても、重ねて色を濃く出してもかわいい色。

CHANGE 3

M・A・C
リップスティック
#チリ

M・A・C
リップスティック
#ポワール

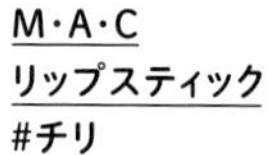

USE IT!

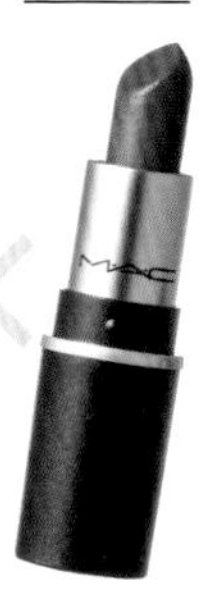

#ポワールの深みと#チリの赤みの組み合わせがかわいい！ カジュアルなスタイルにもハマる色かな。

パーカー¥6,490／ENVYM

単色塗りはもちろん、いろいろ重ねて塗ったりもしてる。そのほうがいろんな色を楽しめるし、気分にマッチする色を作れるから。私の大好きなM·A·Cのリップで印象チェンジしてみた!

CHANGE 4

M·A·C
リップスティック #D
フォー デンジャー

少し青みが入った赤リップ。青みは少なめだから使いやすいよ。輪郭を出さずにラフ塗りするのがかわいい。

#COOL

CHANGE 5

M·A·C
リップスティック
#アラプラージュ

USE IT!

ヌーディーなベージュリップ。シアーな質感でかわいい! 自分の元のくちびるの色っぽくも見えるナチュラルカラー。

CHANGE 6

M·A·C
リップスティック
#ボイスタラス

USE IT!

私が持っているリップのなかで一番真っ赤! M·A·Cのコフレに入っていたリップ。強すぎない赤で使いやすい!

メッシュTシャツ/スタイリスト私物

結局、M・A・Cのリップが最高すぎる

ベースとかアイシャドウは決まったものを使っていることが多いけど、リップは別。なかでも一番持っているブランドがM･A･C。M･A･Cのリップは色が絶妙でおしゃれに見えるし、発色がいいから大好き。ファンの子からプレゼントしてもらったりしたものもあるよ。今、持っているM･A･Cのリップは全部で15本。なんか全体的に色が似てる（笑）。まや的にはちょっとずつ違うんだけどね。

#デボーテッド トゥ チリ

#ボイスタラス

#チリ

安定カラー No.1

人気カラーの#チリは安定の一本。なに塗ろうかな？と思ったら、とりあえずこれを塗ってみることが多いかも。

#パラマウント

#ロケット ウーマン

#バースト オン ザ シーン

#ホワール

#Dフォー デンジャー
#アラプラージュ
おしゃ色
No.1
赤すぎず、ブラウンすぎない絶妙カラー。塗るとほどよいツヤ感もあるし、ブラウン系が苦手な子にもおすすめ。
#タッチ
#マラケシュ
#フォト
#スタディッド キス
ヘビロテ
カラー
この減り方を見てくれたら愛用っぷりが伝わるでしょ？　ダークな赤みブラウンでおしゃれ顔になれる！
ヘビロテ
カラー
色はダークブラウン。まや、リップの塗り方が独特なのか形がおかしい(笑)。秋冬にめちゃ使ってた1本。
#トープ
#スモークドアーモンド

まやの超シンプルスキンケア神3

毎日のスキンケアは超シンプル。あれこれ塗らないから
“保湿”だけは重視していて、フェイスパックは欠かせないアイテム!

1 メディヒールのフェイスマスク

乾燥が気になるときに使うパックがコレ。パック後の肌はしっとり、ぷるぷる感がすごい。ほかにはない保湿力がある!

ROUTINE

Morning	Night
洗顔	クレンジング、洗顔
↓	↓
サボリーノ	化粧水（イプサ）
↓	↓
乳液（無印）	乳液（無印）
↓	↓
日焼け止め	パック

朝は軽めのパックが化粧水代わり、夜はイプサの化粧水でしっかりと水分補給。工程はシンプルだけど、“保湿”は重視してる。

2 サボリーノの朝マスク

朝はこのパックが化粧水の代わり。保湿力がちょうどよくて、メイク前に使うと化粧ノリもよくなるから。

3 無印良品の乳液

スキンケアの仕上げは無印の乳液。高保湿タイプだけど、ベタベタせずに肌にすっとなじむところがお気に入り。

まやのコスメ収納

まやのコスメはリビングの一角にまとめて置いてる。
スキンケアからコスメまですべてあるからここで準備が完了する!

＼コスメはリビングの棚に／

ここに置いてあるコスメはよく使うものだけ。ほかはリビングのはじに置いてあるドレッサーにあるんだけど……。物置き化してて絶対に見せられない(笑)。

スキンケアからコスメまですべてがここにそろってる！　ここからその日に使うものをピックアップしてリビングのテーブルへ移動してメイクしてる。

＼まやの1軍コスメたち♡／

クリアケースを使った見える収納は、ひと目でどこになにが入っているか分かりやすくて便利。ケース類はほぼAmazonで購入したもの！

＼パックのストック多め(笑)／

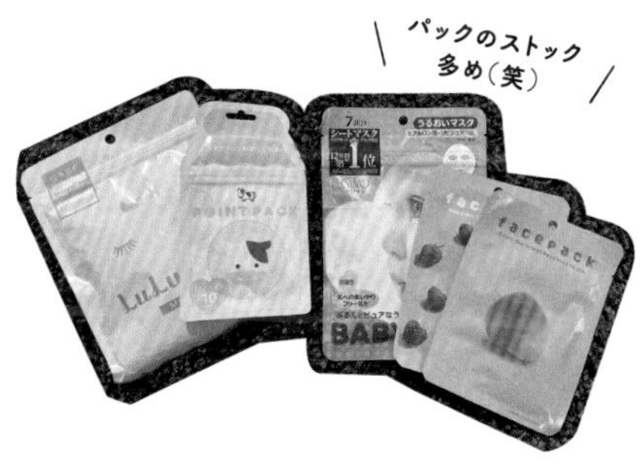

パックはその日の気分でチョイス。個包装のパックはなかなか手を出せなくて、ついつい大容量タイプを使っちゃうはままやだけ？

MAYA SIMPLE

ーまやシンプルスタイルの作り方ー

ファッションはシンプル派。ここはずっとブレてない。

相変わらずモノトーンのシンプルファッション。普段はほぼパンツスタイル、お仕事やしゅんくんとデートするときにスカートをはくくらい。気に入ったものをずーっと着ちゃうタイプだから、もう黒スキニーとかヘビロテしすぎてるかも。一時期、太っちゃって黒スキニーを避けてたけど、最近無事に復活（笑）。買い物するのが多いのはZARA。モノトーン服が多いし、シンプルだけどちょっとデザインが入ってるものが多いからお気に入り。

シンプルすぎない デニムカジュアル

家から近くもなくて遠くもないお出かけのときに着るやつ(笑)。肩あきのトップスはGUなんだけど、合わせやすくてコスパ最高すぎるんやけど。

×MODE

最近、セットアップにハマってる

シンプルな黒のセットアップはインナーを白にしてすっきりと着たい気分。おしゃれしてしゅんくんと出かけるときはこんな感じ。

今日はおしゃれしてく！ そんな日用だよね

×OTONA

カジュアルにレディを足すと大人っぽくなるみたい

モノトーン好きの私がひとめボレしたパンツ

ターコイズのパンツ、かわいすぎん？ フレアパンツだから脚が長く見えるところも◎。後ろリボンのトップスと合わせて女子度高く。

まやの基本スタイルはやっぱりカジュアル

友達とカフェに行ってちょっと息抜き♪的な

ほぼ黒な私服だから、素材とか柄とかで変化をつけることも。秋冬によく着たニットベストはTシャツと合わせてもかわいいよね。

×CASUAL

×GIRLY

黒でも甘く着ちゃえば デート仕様やん?

最近、デートに行けてないから妄想デートコーデ♡　まやにとってティアードワンピは甘めだから足元はブーツで引き算したいかな。

ちょっとだけガーリー
たまにはいいやん!

まやにとっては 甘度高めなスタイル

カチューシャとスカート、どっちもレザー調。素材をリンクさせた組み合わせも好き。統一感が出る気がするんだよね。

ONE MILE WEAR

まや的

結局、ラクチン服がいちばん

ワンマイルウェア

買い物とか行くときはこんな感じ！　トップスはZARAなんだけど、えりつきでシンプルすぎないように見えるからお気に入り。

黒スキニー＋フーディーがまやの鉄板!!　ミリロアのフーディーはだぼっと着れるから、シルエットでもかわいさが伝わる。

地元ではガーリーなコーデとか着れんし、やっぱりラフでラクチンなスタイルがいちばんでしょ？　地元用のワンマイルコーデは100％パンツスタイル。ちょっと買い物したり、お散歩したり、地元をウロウロしているまやはこんな感じ。

そうだよ、しゅんくんの服、借りて着てるけど？

ビッグシュシュを足すだけでおしゃれしてる感出る～

Simple

ワンマイルコーデはアクセで変化をつけたい

ニットやフーディーを借りることが多いかな。メンズサイズだから大きく着られて◎。まやが少し露出した服を選ぼうとしたときも貸してくる（笑）。

コンパクトトップス×デニムはスタイルアップできるから好き。最近、ビッグシュシュにハマってて、シンプルすぎ？ってときに合わせてる。

デニムにスウェットの超ご近所コーデにネックレスをポイントに。今はベビちゃんがいるからアクセは控えるけど、アクセ合わせは好き。

まやりんプロデュースブランド

Mililoa（ミリロア）は気取らず、ゆるっと着てほしい。

Mililoa〈ミリロア〉はみんなが気取らず、ラフにさらっとおしゃれを楽しんでもらえらばいいなと思って作ったブランド。まず第1弾として、性別や年齢を問わず着てほしいなと思って作ったフーディー。これはいろんな人が着てくれてうれしかったな。次の新作は幅広く着られるスウェットから、まやが今大好きなセットアップまで。今回はちょっと女の子らしい要素を足してみたの。みんなの気分にハマってくれるかな?

シンプルスウェットは何枚あってもいいでしょ?

Small Logo Tee
各¥2,700

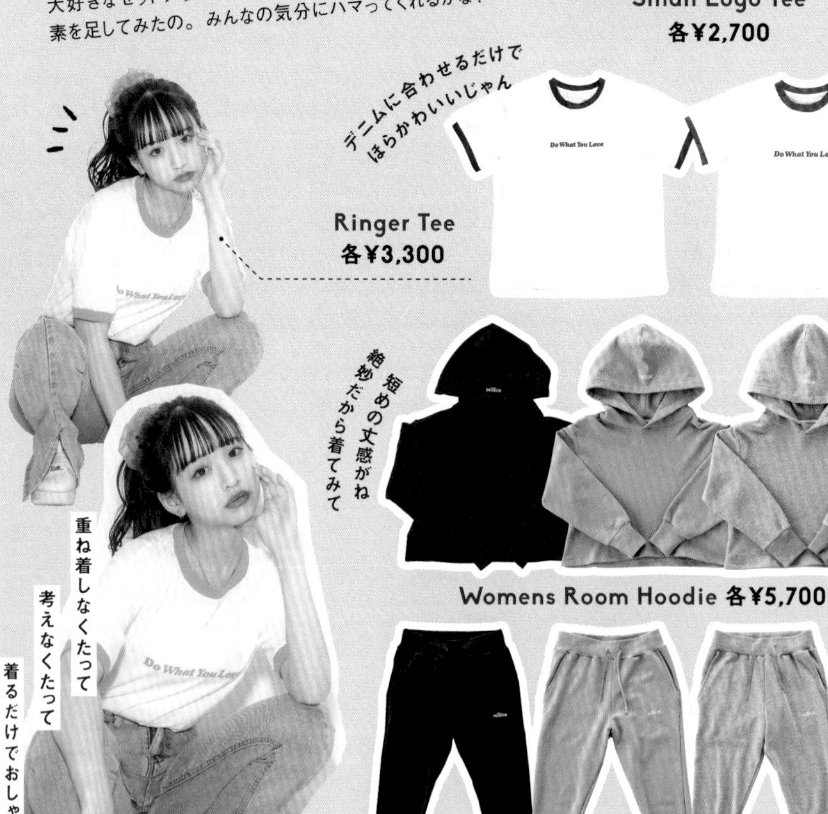

デニムに合わせるだけでほらかわいいじゃん

Ringer Tee
各¥3,300

短めの丈感がね絶妙だから着てみて

Womens Room Hoodie 各¥5,700

重ね着しなくたって
考えなくたって
着るだけでおしゃ

フーディーとセットで着てほしいやつ!

Room Pants (Unisex) 各¥5,500

スタイルアップへの
こだわり詰めまくったよ
Wide Denim 各¥7,500
Checked Setup Pants
¥6,500
Checked Setup Jacket
¥7,900
BROWN
パンツ派もミニ派も
どっちもイケる♡
Checked Setup Skirt
¥7,900
やっぱりフーディー
カレカノでおそろで着てね♡
グレーとブラウンのセットアップ
どっちのほうが好き?
Small Logo Hoodie
各¥5,900
ブランドロゴは小さく!
これ、こだわりね
GRAY
ハイウエストで
美脚効果、抜群だから
Fringe Skinny Denim
各¥7,500
Small Logo Tee
各¥2,700
問い合わせ先:株式会社KimonoGirls　TEL06-6948-5683　※このページのみ、すべて税抜き表示になっています格上げしたいときは小物、アクセに頼る！

まやFASHIONマスト

1 ヴィヴィアンウエストウッドのネックレス

コーデがシンプルだからアクセを足すことが多い。このネックレスはしゅんくんからもらったものでお気に入り。

2 バレンシアガのショルダーバッグ

今はマザーズバッグとか持ち歩いているけど、普段は小さめバッグ派。ハイブランドバッグ、デビューしました♡

3 ビッグシュシュ

ビッグシュシュはさっとまとめるだけで、おしゃれ感が出る。ロブだったけど、また最近エクステつけたから活躍の予感。

小物6

まやのコーデはシンプルが多い。だからこそ、「なんか物足りん……」ってときには小物でポイントを作っていることが多いかな。今登場率が高いのはこの6つ!

4 太カチューシャ

太めカチューシャもシンプルコーデにアクセントをつけるために欠かせないアイテム。ちょっとガーリーな日はこれ。

5 ベルシュカの レースアップブーツ

ヘビロテしすぎてるレースアップブーツ。足元にボリュームが出ると、コーデ全体のバランスを取りやすくなるから。

6 ナイキの エアフォースワン

履きやすさはもちろん、ボリュームもあるから好き。真っ白なカラーリングもモノトーン好きのまや向き。

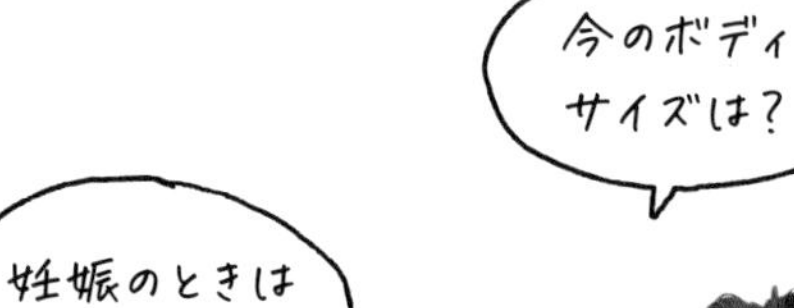

妊婦ちゃんの頃は
どんな感じ?

DIET

体型戻しのハナシ。

妊娠後、体重はMAX＋16キロ!!
産後3カ月で体重を戻したというまやりん、すごない!?
どうしてそんなに痩せれたの!?　何したの!?　まやりんのボディデータを妊婦ちゃん日記とともに大調査。

体型キープの
コツは?

どうやって
痩せたの?

キャミソール￥4,980、
ショートパンツ￥6,980
／ともにエピヌ

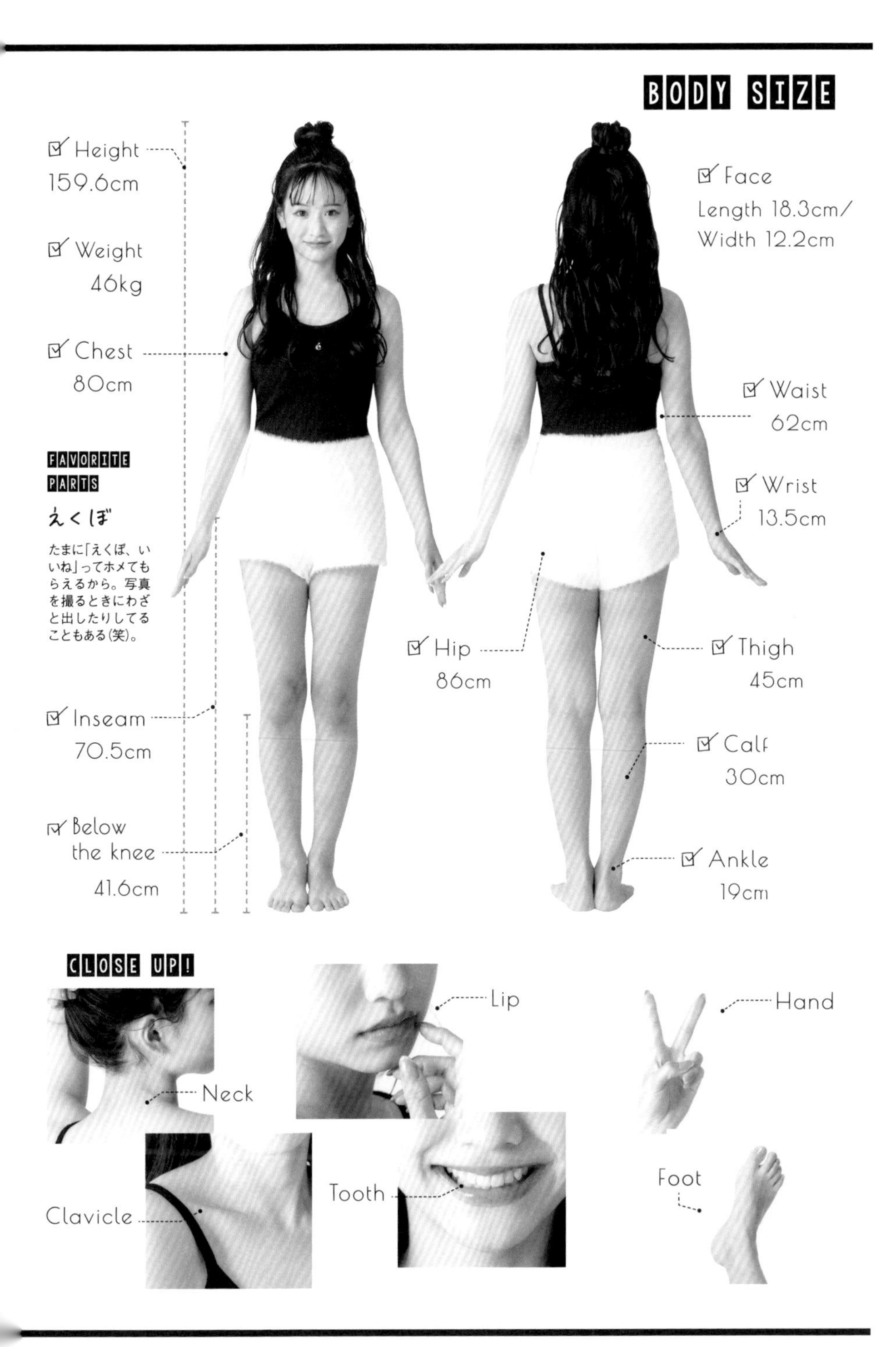
BODY SIZE
Height
159.6cm
Weight
46kg
Chest
80cm
FAVORITE PARTS
えくぼ
たまに「えくぼ、いいね」ってホメてもらえるから。写真を撮るときにわざと出したりしてることもある(笑)。
Inseam
70.5cm
Below the knee
41.6cm
Face
Length 18.3cm/
Width 12.2cm
Waist
62cm
Wrist
13.5cm
Hip
86cm
Thigh
45cm
Calf
30cm
Ankle
19cm
CLOSE UP!
Neck
Lip
Hand
Clavicle
Tooth
Foot

食生活に気をつけただけで MAX64キロが3カ月で46キロ!!

妊娠中、16キロ増の64キロまで体重が増加! 産後、ベビちゃん分くらいの体重は減ったけどそれでも完璧には戻らず。出産後に気をつけはじめたのが食事制限と食事の時間。運動は全くしてない(笑)。ラーメンとかの炭水化物を減らして、ジュースは禁止に。21時以降は食べない!(←ゆるめでしょ?(笑))とかそのくらい。夜、お腹がすいたなと思っても「寝るだけだから!」とガマン。どうしても食べたくなったらスルメとか食べてた。あとは着圧ソックスやコルセットをつけて引き締めたり、マッサージをしたくらい。そんな生活をしてたら3カ月で64キロまであった体重が46キロまですっと落ちた! 出産前は本当にダラダラすごしていたし、ポテチとか余裕で1袋食べてた生活だったのが、出産後は生活が一変! 間食をしなくなったし、夜更かしもしなくなって規則正しい生活になったのが大きいのかも。

ジョーマローンのボディクリーム

上半身用の着圧タンクトップ

脚はレギンスタイプの着圧ソックスで!

まやりん妊婦ちゃん記♡

20 02 02

お腹が大きくなってきたのを実感してたころ。つわりはひどくなかったけど、公共交通機関(!!)に乗るのがしんどかった……。

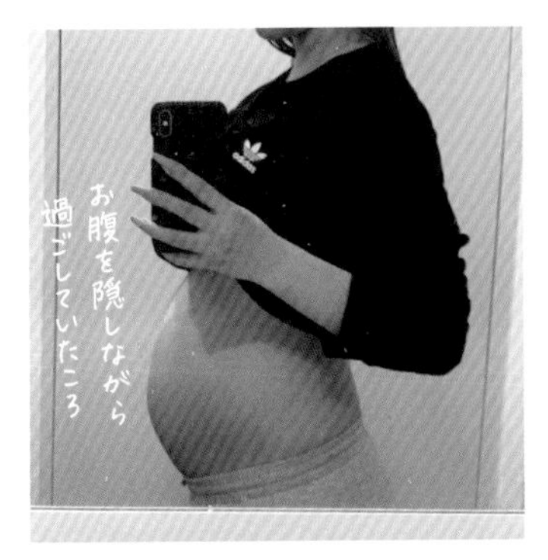

20 04 22

やっと公表できる！と安心感でいっぱいで、ほっとしたのを覚えてる。精神的に楽になったのはよかったな。

20 05 02

妊娠中はコロナ禍で外出もままならず、家に引きこもる日々。運動不足になりがちで、だんだん体重が増えてきた……。

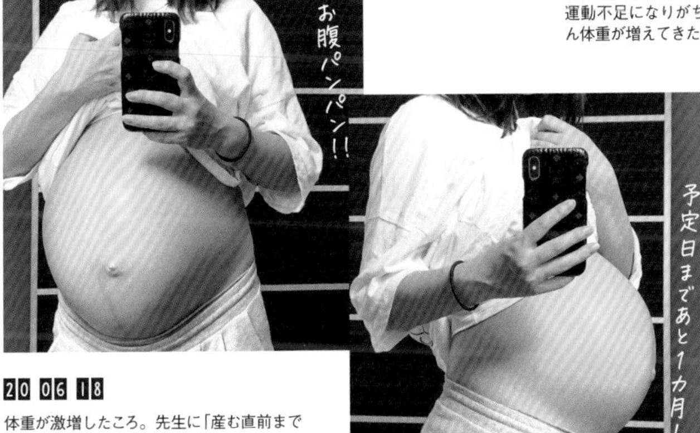

20 06 18

体重が激増したころ。先生に「産む直前まで歩くのを続けて！」って言われて、心の中では「鬼！」って思ってた。先生、ごめん(笑)。

とある一日に密着!

お仕事DAY まやりん

まやりんのお仕事日ってどんな感じ? 高校生もママ業もこなし、大忙しまやりんのお仕事DAYに密着! 普段は見せない真剣モードやYouTube撮影風景など、ちら見せしちゃう♡

11:00

マネージャーさんが車で迎えにきてくれた

ベビちゃんが保育園に行ってからお仕事開始。今日はマネージャーさんが車で迎えにきてくれる日だった!

12:05

そのままメイク開始。この日はセルフメイク

到着したら、すぐに準備開始!! 今日はメイクさんはいなくてセルフメイク。ヘアセットも含めて約1時間!

12:00

スタジオに到着~!

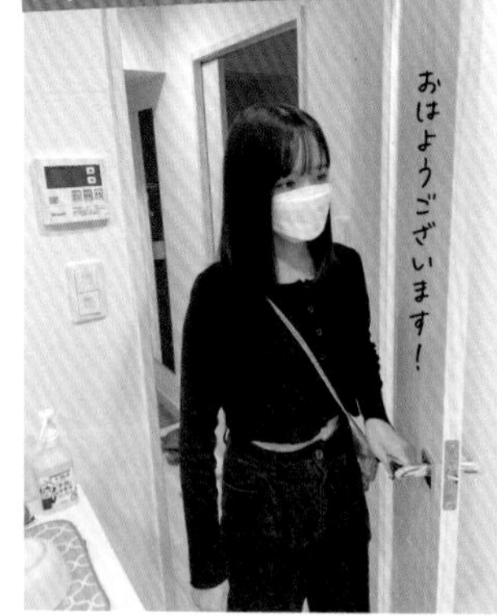

今日の撮影スタジオに到着~! マスクの下は……まだすっぴんです(笑)。顔を隠せるマスク、最高。

13:00

オンラインで打ち合わせ

撮影前にオンラインで打ち合わせ&取材タイム。コロナ禍では、オンラインでの打ち合わせや取材が増えたな。

納豆を使った「まやりんのダイエット飯」撮影中。ダイエット関係なく、納豆は大好きな食べ物のひとつ。

おいしいくてストレスなくダイエットできるからおすすめ。ちなみに納豆は「金のつぶ　たまご醤油だれ」派(笑)。

18:00 帰宅!
ママりんに戻りまーす

今日のお仕事はおしまい。帰ったらまずはベビちゃんのごはん作りから。ここからママりんモードになります!

15:00
YouTube撮影開始!
今日は3本撮り!!

今日はYouTubeの個人チャンネル「まやりんチャンネル」の撮影。バッグやお財布の中身を紹介したよ。動画、見てね。

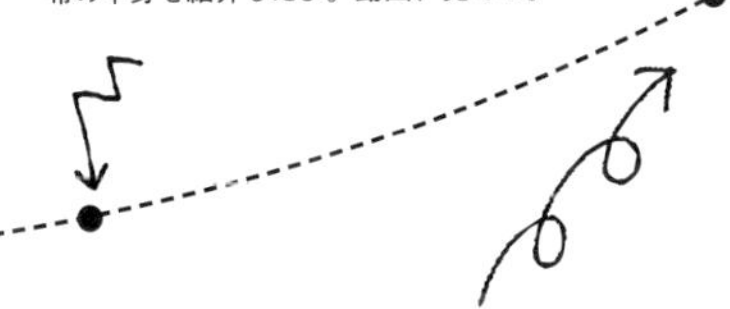

17:00
まや本のチェック。
たくさんあって大変~!!

YouTubeを3本撮影したあとは本の内容をチェック!間違いなどを1ページ1ページ確認するよ。

別の日の
お仕事DAY

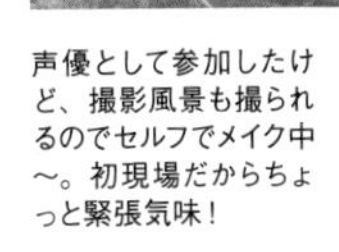

この日の現場は映画
『味噌カレー牛乳
ラーメンってめぇ~の?』

声優として参加したけど、撮影風景も撮られるのでセルフでメイク中~。初現場だからちょっと緊張気味!

お昼休憩でほっとひといき中のまや。現場が明るく、楽しみながら撮影できたよ。冬の映画公開を待っててね!

8:00

Go to School!!

「「おはよー!」って いつもギリギリ!!」

いつも登校時間ギリギリにくるまやりん。誰よりも遅くくるけど、「おはよう」の声は誰よりもおっきいの。

今日の日直は、、、

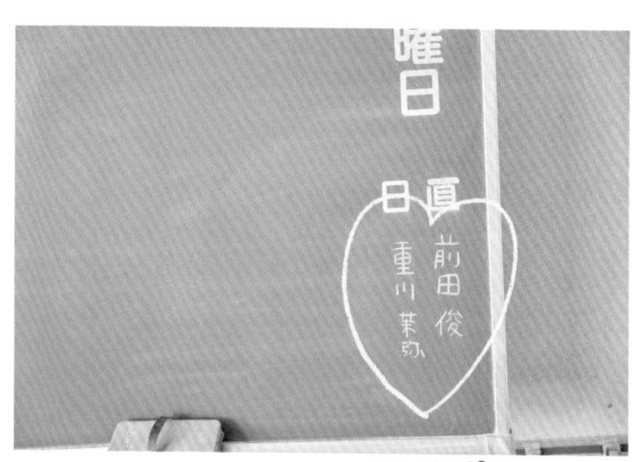

「今日の日直…… まやだよ!! ほらほら。」

「日直、めんどくさいー」とか言ってるけど、しっかりと自分の名前書いてるし。やる気あるじゃん、実は。

なんてね♡

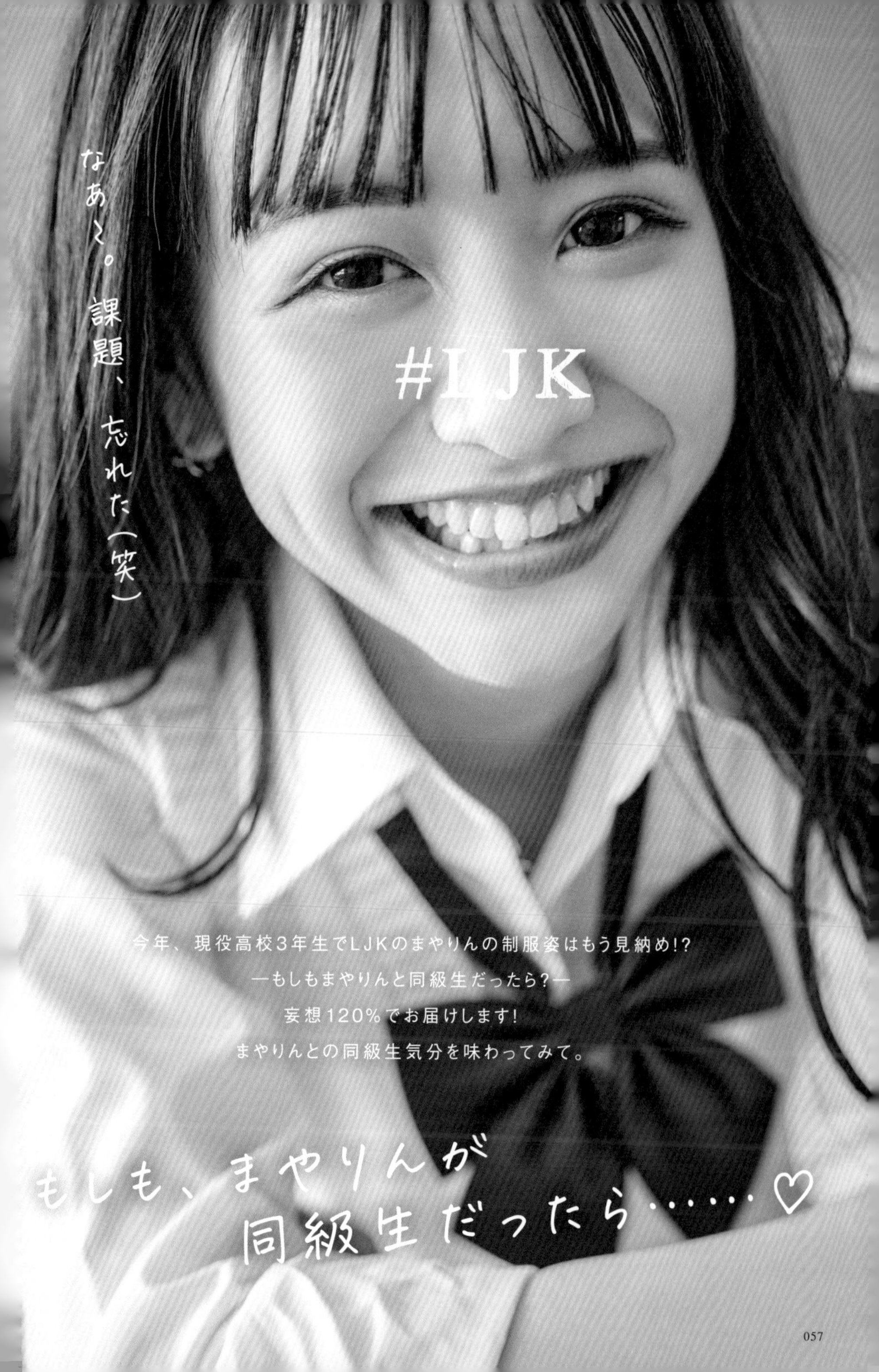

なあ〜。課題、忘れた(笑)

#LJK

今年、現役高校3年生でLJKのまやりんの制服姿はもう見納め!?
—もしもまやりんと同級生だったら?—
妄想120%でお届けします!
まやりんとの同級生気分を味わってみて。

もしも、まやりんが
同級生だったら……♡

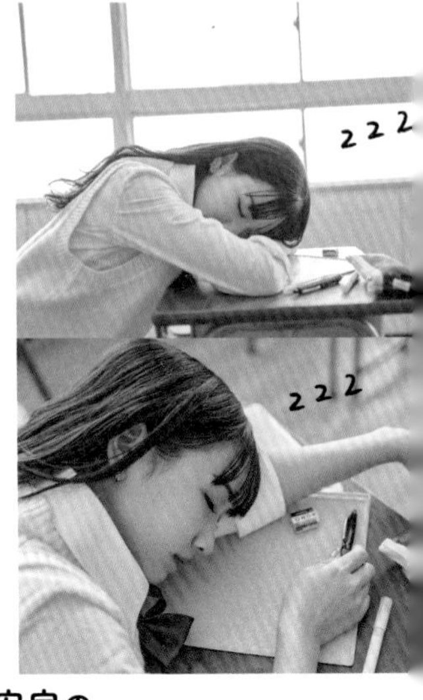

「やっぱり安定の
居眠りタイム(笑)」

授業終わったのに、まや全然起きないんだけど!! めっちゃかわいい寝顔してるから、とりあえず写真撮っとこ。

「今日も見てるだけ♡
もう、じれったい!」

まやが気になってる隣のクラスの男子が外でサッカーをしてるらしい。そんなに見るなら、声かければいいじゃん!

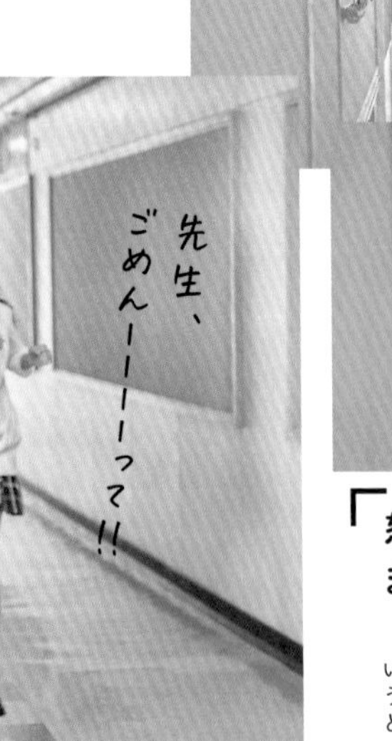

「怒る先生から逃げる
まやはもう見慣れた(笑)」

いっつも先生に怒られてる(笑)。そういう私も未提出。ごめんだけど、まやをおとりに先生から逃げさせてもらうね。

10:15 **I'm in class...**

「日本史の時間、先生の声が念仏に聞こえてるのかなぁ」

あの先生の声、なんでこんなに眠くなるの!?　もう限界だよ。そーいえばまやは……あ、ちゃんと話し聞いてるじゃん。

まやりん#LJK

高校生といえばやっぱり勉強かな。基本的に勉強は苦手。嫌いな科目は社会科系。地理とか、本当に意味わからん。好きな科目は体育。運動神経はいいほうだと思うよ?　中学のときはソフトボール部に入ってたし。超スパルタな部活で練習も週7日だった。友達が入るし、なんか楽しそう!って軽いノリで入部したのに結構ガチな部活だったの。大変だったのに、たまにノックを受けたくなるんだよね、不思議（笑）。

15:30 After School!!

まやりん#LJK

もう高校3年生、今年はあんまり学校に行けてないんだよね。ちゃんと卒業できるかな?(笑) でも制服を着られるのは高校生のうちだよな〜と思ってるから、いっぱい着たいとは思ってる。勉強は嫌いだけど、学校は友達と会えるから楽しい! 学校にはほぼ友達に会いにいってるようなもの。高1で行った研修旅行とか最高だったな。研修とは名前だけで、遊びのようなものだったけど。

友達と過ごす放課後が結局いちばん(笑)

「ねぇ、日直の仕事ちゃんとした?」

黒板を消すのは日直の仕事だよって言ったら、超渋々消し始めた。ほらー、課題のノートも集めるんでしょー。

「日直に掃除当番……あ! 重川、サボんな」

日直と掃除当番、ダルい〜ってサボってないで早く終わらせてよ。終わったら、遊びにいこうよ。行きたい店あんの。

#LJKは エモく撮りたい

「まやと撮るムダなエモ写真だってLJKだから!」

この制服を着れるのはあと○カ月、がウチらの口ぐせ。とりあえず、なんでもない日でも写真は撮っておくでしょ。フィルムカメラで青春写真を集めます。

ネックレス各880、(一番長い)ネックレス¥1,320、ベルト¥1,650／すべてスピンズ　バッグ¥3,999／W♥C

人生ラストのはじけるまや。

いつも落ち着いた雰囲気で、私服もメイクも大人にシンプルめなまやりん。そんなまやりんにトバしたファッション・メイクに挑戦してもらったんです。最初は、90年代のストリート系ギャルをイメージしたファッション。「このコーデめっちゃお気に入り！　服もそうだけどアクセも小物も全部タイプだった。このカッコで昔のギャルは街を歩いてたのかぁ、すごい。まやは……ギリ原宿とかなら？　ギリギリ？（笑）」

SUPER VILLAIN

こちらはまやりんが、一度でいいからコスプレしてみたかったという"ハーレイクイン"をモチーフにアレンジしていったスタイル。金パにツインテール、イメージカラーの赤と青をポイントにしてるよ。「ウィッグにチャレンジしてみたんだけど、黒髪がどうしてもコンニチハしてしまって!（笑）　ヘアメイクさんと一緒に、必死になって隠しに隠して撮影したのが楽しかったなぁ。まやにはやっぱり金髪はハードル高いかなって思わされた～」

ブルゾン¥1,100、Tシャツ¥2,090／ともに原宿シカゴ竹下店　ショートパンツ¥7,590／SPIRALGIRL　チョーカー¥3,278／ヴォルカン&アフロダイティ渋谷109店　ハーネス¥1,980／スピンズ　オールウィッグ（ピュアストレート）A-683-TCM耐熱ミルクティー¥9,350／PRISILA

SICK
SICK

ラストの一着は、病みを含んだちょいゴスGIRLをイメージ。かわいらしいものが好きだけど、あまり普段は着ないというまやりんを、思いっきりガーリーに変身させてみたの。慣れない病みに苦戦し、何度も何度もリップの色を濃く、黒くして挑みました！（笑）「絶対に撮影以外では着ない服だから、かなり心配だったコーデ。でもカメラマンさんがうま～く撮ってくれて、仕上がりをみたら……けっこういけてる？（笑）　まや個人的にはお気に入りに追加です！」

ワンピース¥10,340／AnkRouge 渋谷109店　帽子¥3,080／スピンズ　その他／スタイリスト私物

エピローグA

「ふぁいてぃんぐ花のJK」

こんな感じで
ときどきONモードになる
17才JKまやりんの今でした
いかがでしたでしょうか
わりとバタバタではあるけど
家のおそとでの仕事や勉強・青春も
楽しめるように
日々たたかっております
でも思うのです
むしろベビちゃんのいる
ママだからこそ
強く気持ち真心に
頑張っていけてるのでは
なんてことを
みなさんに感謝感謝です
そしていつも通りしんぷるに
歩んでいこうと思えるのです
あー幸せだわー
華のママJK　本日も永遠なり
ローファーを脱いで
得意の料理をキッチンで
さあ今日も帰ってベビちゃんの
100000000点笑顔にとびつこう

負けるな たたかえ ときにかわいく
ふぁいてぃんぐ
『オ

綺麗に　楽しむことを忘れずに
』
のJKまやりん
おしまい。

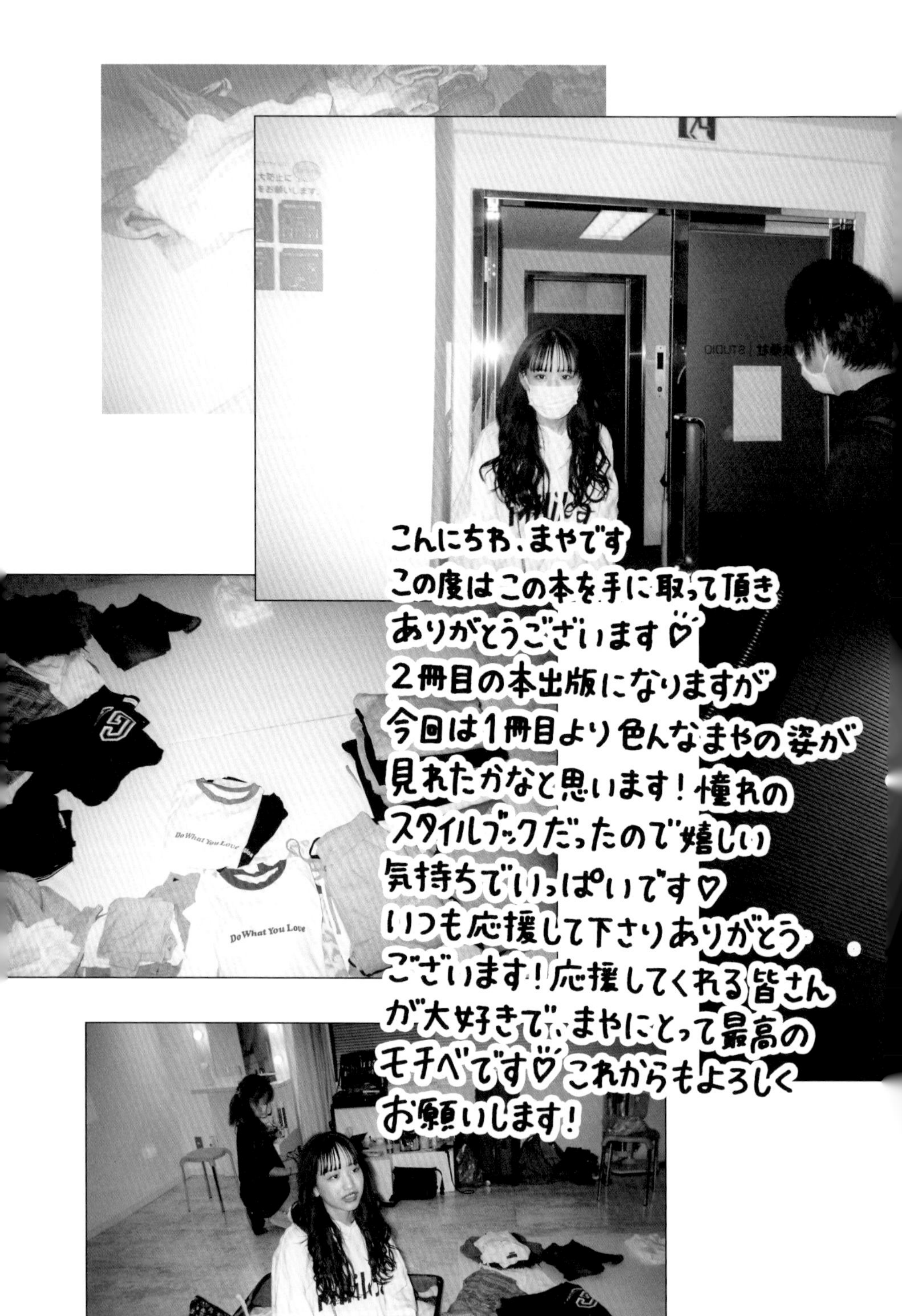
こんにちわ、まやです
この度はこの本を手に取って頂き
ありがとうございます♡
2冊目の本出版になりますが
今回は1冊目より色んなまやの姿が
見れたかなと思います！憧れの
スタイルブックだったので嬉しい
気持ちでいっぱいです♡
いつも応援して下さりありがとう
ございます！応援してくれる皆さん
が大好きで、まやにとって最高の
モチベです♡これからもよろしく
お願いします！
Do What You Love
Do What You Love

maya
Do What You

重川茉弥

2004年1月24日生まれ、大阪育ちの17歳
高校3年生。
2019年にAbemaTVの人気恋愛リアリティーショーに出演して話題に。
本人のインスタには、大人っぽいファッションや、ベビちゃんの天使カット、仲良しなカップル写真が多く投稿され、フォロワーは87.5万人(2021.5.24現在)を超える。初著『あの日、好きになって470日』(扶桑社刊)。

Instagram @mayaaa_124
Twitter @maya03120124
YouTube 『まやりんチャンネル』

STAFF

写真／橋本憲和【表紙、P.1-39、56-73、78-81、114-127】、
山川修一（扶桑社）【P.40-53、98-113】
衣装／ tommy【表紙、P.1-39、62-73、78-81、114-127】
ヘアメイク／ KANANE（PUNCH）
デザイン／足立菜央(atom design)
イラスト／おおたきょうこ【P.95-97】
マネージメント／今井厚雅（Kimono Girls）
編集／布施京子、佐藤弘和(扶桑社)
校正／小西義之

SHOP LIST

AnkRouge渋谷109店　03-3477-5029
ENVYM　03-3477-5082
WEGO　03-5784-5505
ヴォルカン&アフロダイティ渋谷109店　03-3477-5072
エピヌ　epine.am@gmail.com
GRL　06-6532-2211
jóuetie　03-6408-1078
SPIRALGIRL　03-5422-8007
スピンズ　0120-011-984
W♥C　03-5784-5505
チュチュアンナ　0120-576-755
Barairo no Boushi　https://shop.baraironoboushi.com/
原宿シカゴ竹下店　03-6721-0580
PRISILA　078-671-6722
ラスボア渋谷109店　03-3477-5038
REVEYU　03-5784-5505

※価格はすべて消費税込みの表示です。

ありきたりな毎日だけど
きっと、ずっと
永遠です。
おしまい。

ベビちゃんと
しゅんくんとまや
3人の時間
とくべつないつもが
つみかさなっていく

2021
7.9

HAPPY BIRTHDAY
MY BABY

思い出1年分たまったね、

2020.7.9
Welcomeベビちゃん。

騒がしくて、つねに誰かがいる状態。だから昔は「ひとりっ子がよかった！」なんて思っていたときもあったけど、今は兄弟が多くてよかったなと思ってるから。さすがに、今すぐに！というのは早すぎるけど、もう少し間をあけてまやたちがママ・パパとして慣れて成長したころに次の子が欲しいと思ってる。そしていつか家族みんなでアンパンマンこどもミュージアムに遊びに行きたいの!!　それがまやのちっちゃな夢。

　この本が発売されるころにはベビちゃんももう1歳。まわりの人たちからは「イヤイヤ期に入ったらほんまに大変だよ？」と言われているから、実はちょっと怯えてる（笑）。今はとにかく、健康で元気に育ってくれればいいかな？と、ただそう思ってる。

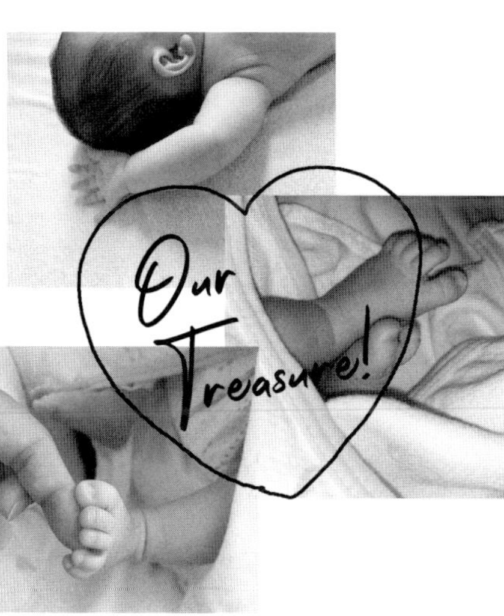

　あ、ひとつ気になることがあった！　ベビちゃんね、ベビーカーに乗ったときの足グセが悪いの（笑）。ベビーカーの持ち手部分に足を掛けたりするんだけど、その話をしゅんくんのママにしたらしゅんくんが赤ちゃんのときもそんなことをしてたと教えてくれたの。今のところ顔も性格もしゅんくん似のベビちゃんやねん♡（親バカでおしまい（笑））

正直、ベビちゃんが生まれる前は「2時間おきに起きてミルクをあげるのは大変そうだな」「おむつを一日に何回も替えなきゃいけないの!?」なんて思っていたこともあった。でも実際にママになったら、そんなことどうってことないし、それが当たり前って思えるようになった。まわりには「考え方が大人になった」「落ち着いた」って言われることが多いんだけど、自覚はゼロ（笑）。まやはなにか変わったのかな？　自分ではわかんないや。「子育て、大変じゃない？」「まやはちゃんと寝れてる？」ってこともよく聞かれるけど、本当に子育ては楽しい。まやにとっての自分の時間って、ベビちゃんと過ごす時間も含まれている。だから時間を子供に取られる!って感覚がないのかもしれない。

理想はあと2人くらい♡

出産はすごく痛くて大変だったはずなのにもう忘れてる（笑）。いや、痛かったことはちゃんと覚えているよ。でも「あの痛みをもう味わいたくない!」とはまったくならない。まや自身も兄弟が多くて楽しかったから、ベビちゃんにも兄弟を作ってあげたいと思ってる。兄弟が多いと、家の中はいつもも早くて、仕上がりもキレイ。これからも作らなきゃいけないものが出てくるだろうし、今はおさいほうをうまくなりたいと思ってる。

幸せの瞬間

結婚する前、幸せってなにで感じていたんだろう?って思うけど、ぱっと思い浮かばない。幸せだったはずなのに! おいしいもの、好きなものを食べているときには「幸せ〜♡」とは思っていたけどね。でも今、「幸せの瞬間っていつ?」って聞かれたら即答できる。

「家族3人で笑っている瞬間」

まやたちがベビちゃんのことをあやすと、ベビちゃんがきゃっ! きゃっ! とよろこんでくれるの。そしてすっごい笑ってくれる。その笑顔を見て、まやたちも自然と笑顔になる。その瞬間が本当に愛おしくて、ずっと続け!って思うくらいに「あ、今の私はすっごい幸せ!」って思えるんだ。これは結婚・出産を経験しなくちゃ味わえなかったかもしれない。

保育園、始まりました

この春から、ベビちゃんは保育園に通うようになった。それまではまやとしゅんくん、ベビちゃんだけの生活だったけど、そこに「先生」が加わった。そうなると、先生とのやりとりが増えてきて「ママ」としてのやることが増えてきたの。家族以外の人とママとして接することで、よりママを自覚するようになったかな。たとえば連絡帳のやりとりや保育参観の日程調整とかをしていると、「あ、ベビちゃんのママしてる！」ってすごく実感する。保育園には同世代の赤ちゃんを持つママがいるから〝ママ友〟をつくるチャンスなんだけど、自分のほうから声をかける勇気がなくて……まだママ友はひとりもいない!!（笑） いつかママ友ができるといいな。だって参観日とかにぼっちで参加したくないじゃん！（笑）

保育園に通うようになったら、いろいろ作らなくちゃいけないものがあるって知ったの。でも、まやはおさいほうが超苦手で……。バスタオルの四隅にゴムをつけるというのがあったんだけど、ひとつつけるのにもすっごい時間がかかってた。その姿をしゅんくんが見かねてやってくれたんだけど……あっという間に完成してた（笑）。まやの何倍

乳食を食べはじめたベビちゃんのごはんを作って、夕ごはんタイム。。残さずにちゃんと食べてくれるから、今のところは安心♡ 食後、ちょっとだけ休んだらベビちゃんとまやのお風呂タイム。病院で沐浴の仕方を習っていたけど、いざ本番になると少し怖かったな。今はもう慣れて、まやがベビちゃんといっしょにお風呂に入って体とか洗ってあげられるようになった。そして先にベビちゃんがお風呂から上がって、しゅんくんにバトンタッチ。ベビちゃんの体を拭いてからボディケアをしてくれるの。まやがそのままお風呂に入っている間に、しゅんくんはベビちゃんの着替えもすませて寝かしつけまでしてくれるから、お風呂の時間はまやだけの時間になってる。ありがたい♡ そのあとにまやとしゅんくんの夜ごはん。ベビちゃんはもうぐっすりと眠っているから、ふたりでのんびりと食べてるよ。気づいたら毎日、就寝は23時くらい。それまでの時間はベビちゃんの様子を見ながらも自由に過ごしてるかな。毎日がこんな感じです。まだまだ小さいから、目を離すことはできないけど、一瞬たりとも目を離したくないくらいにベビちゃんがかわいいから毎日が幸せ！

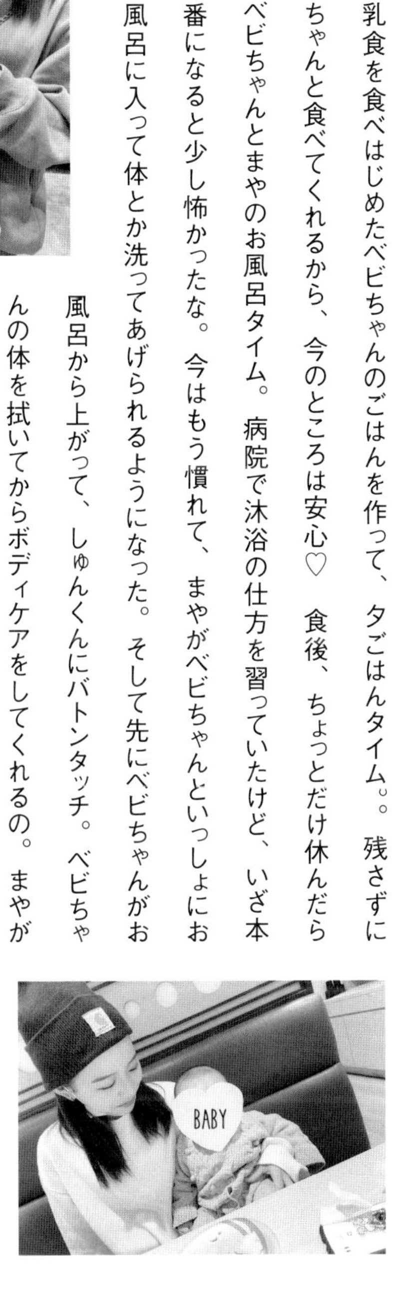

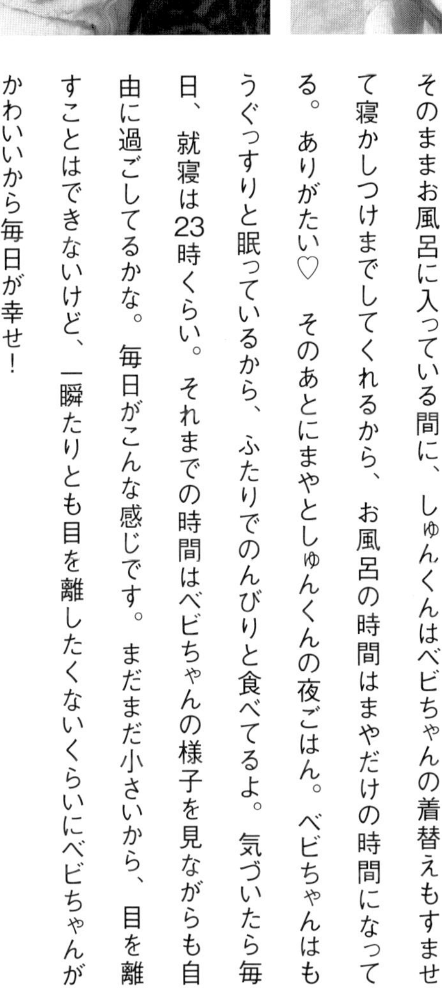

になるよね（笑）。完全なる親バカやな♡

ママとしての一日

まやの一日をちょっと紹介してみようかな。朝起きるのはだいたい8時。まずはベビちゃんの朝ごはんを準備して食べさせる。それからまやたちの朝ごはん。とはいえ、まやの朝ごはんはヨーグルトとかで簡単にすませちゃうけど。今、ベビちゃんは保育園に通っているから、保育園に送るのが9時ごろ。保育園のお見送りが終わったら、家事をいろいろすませる時間。家事はどっちが何をやるとかは、ちゃんと決まっているわけじゃないけれど、ごはんを作るのがまや、洗濯はしゅんくん担当になんとなくなってる。掃除は気になったときに気になったほうがする。「部屋が散らかってるから、片付けしよう～」って誘ってふたりですることもあるかな。そのあとのまやは日によって違うけど、家でのんびりしたり、近所に買い物いったり。お仕事が入る日はこの時間にすることが多いかな。ベビちゃんが家に帰ってくるのは夕方。夜ごはんまでおうちでのんびり過ごしたり、ベビちゃんといっしょに実家に遊びにいったり。たまに友だちと会ったりもしてる。帰ってきたら、最近離

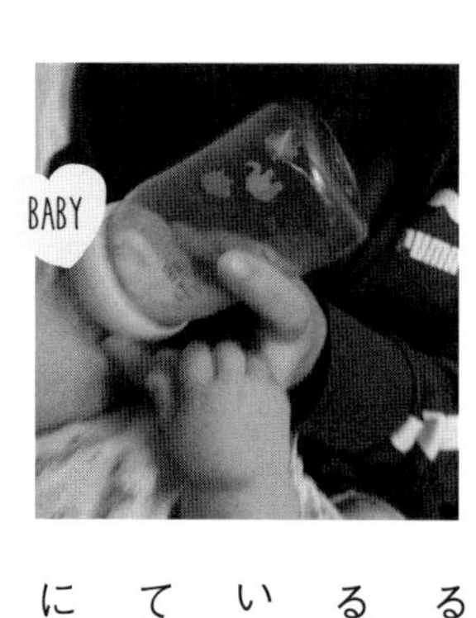

育てすることを想像していたんだと思う。まやたちの家と実家は近いから、ベビちゃんを連れて遊びにいくことはあっても、お世話をお願いすることがほとんどないの。いわゆる里帰り出産（実家の近くで出産し、産後は実家で親の手助けを得ながら育児に慣れていくこと）もしてない。だからママは「もっとママを頼ってよ！」って言ってる（笑）。でも頼らなくてもまやとしゅんくんで困ることなく、楽しく育児ができちゃうんだもん。ほんまにしゅんくんはすごいパパ。もともと自分のことは自分でやるという性格だからかもしれないけど、しゅんくんはまやが入院中に育児のことをいろいろ調べてくれていて、帰ったその日から立派なパパになってたんだから。

たまにまやが仕事で家を空けなくちゃいけないときはしゅんくんが代わりにお世話してくれる。そんな日は出かける前に「写真をいっぱい送ってよ！」とお願いしてからお出かけ。そしたら仕事中にしゅんくんからいっぱい写真が届くんだ。「これ、かわいい」なんて送られてくると、まやが撮ったベビちゃんのほうがかわいいもん！って、自分のスマホの写真フォルダからかわいい一枚を送り返す。そうするとしゅんくんが対抗して別の写真を……。そこからは「どっちのほうがかわいい写真を撮ってるか」対決

にはならなかった。

そして始まった3人の新生活。まやもあまり戸惑うことなく、すんなりとママ業を始められたかな。

とくに育児本などは読んでない。まや自身、兄弟が多くて一番下の妹は今、小学6年生。妹が赤ちゃんのころはお手伝いとして、おむつを替えたこともあった。まやの家では妹、弟たちが小さかったし、さらに親戚にも赤ちゃんがいて、よくお世話をしていたの。つねに赤ちゃんと接していたんだよね。だから赤ちゃんの扱い方は身についていたし、自然と学べていたのかも。それがママになった今、役に立っている気がする！

たとえば突然お水をこぼしちゃったりしても「そうだよね、赤ちゃんはこぼすよね～」って感じであまり気にしないし、むしろそんな姿すらかわいいと思える。ティッシュボックスから無限にティッシュを出しながら遊んでいる姿も、ダメ！とは言うけれど、心の中では「なんかかわいい♡」って思っちゃってる自分がいるもん。そんくらい余裕がある。だから小さいころのまやの環境にはちょっぴり感謝してる。

でもね、あまりにもまやとしゅんくんで子育てをすんなりと進めちゃうもんだから、まやのママはちょっとさみしいみたい（笑）。ママはきっとまやがママに頼りながら子

んくんもビッグベイビーで生まれたらしい。さすがしゅんくんの子供、遺伝子をちゃんと受け継いで生まれてきた（笑）。少し安静にしたあとはまやの健康チェックや先生とのお話があるんだけど、出産をしたことで緊張の糸がほぐれたのと疲れでめちゃめちゃ眠くて。先生が話していたことはほとんど覚えてない（笑）。まやはそのまま1週間くらい入院するんだけど、出産後の2日めからはベビちゃんも同室になる。そばに来てくれたベビちゃんは本当にかわいくてかわいくて。まやに常に癒しを与えてくれた♡

まやとしゅんくんとベビちゃんの新生活

そして始まったまやとしゅんくんとベビちゃん、3人の新生活。新生児は2時間ごとにミルクをあげなきゃいけないから、夜中でも起きてミルクをあげるの。赤ちゃんを実際に産むまで「夜泣き」をするとか「なかなか寝つかない」とかいろいろ聞いてたのね。でも、まやたちのベビちゃんはおりこうさん♡　夜泣きなんてほとんどせずに、ぐっすりと眠ってくれるし、ミルクもちゃんと飲んでくれる。新生児との生活は大変だろうとちょっと覚悟していたけど、まやが寝れないくらい大変!!みたいなこと

までは怖さを感じていなかったまやも、診察を受けてからは「本当にママになる」「赤ちゃんを産む」ということをリアルに感じてちょっと怖さも出てきた。

普通はだんだんと陣痛が強くなってきて、間隔が短くなってくるんだけど、まやは初産だったからか、なかなか赤ちゃんが生まれてくるくらいの陣痛にならなくて、陣痛促進剤を使うことに。そしたら、少しずつ陣痛の間隔が短くなって、痛みも強くなってきて……。いつのまにか「もう無理!!」って何度も何度も叫んでた。そのたびに看護師さんが優しく「大丈夫ですよ〜」って落ち着かせてくれるんだけど、その声もまやには届かないほど。陣痛の痛みって今までに体験したことのない痛み。今、冷静に振り返ればちょっとパニック状態だったかもしれない。でもそんくらい痛かった!

入院してから約8時間後の17時36分。３７００g超のビッグベイビーを出産♡

産んだ直後に助産師さんがまやのところに赤ちゃんをつれてきてくれるんだけど、初めて自分の赤ちゃんを目にした感想は……「すごい!!」。少し前まで自分のお腹の中にいた子が目の前にいるなんて!!と感動した。生まれてきてくれた赤ちゃんは３７００gと大きくて、先生にも「大変だったね」と言われるくらい。妊娠中の予想ではもうちょっと小さかったから、ビックリしたよ。でも、あとで聞いたらしゅ

2020年7月9日17時36分、まやたちのもとに天使が舞い降りた♡

まやのお腹に新しい命が宿ってから十月十日、いっしょに過ごした日と今日までのこと、ちょっと振り返ってみようと思う。

妊娠中はコロナ禍の真っ只中だったから、外出する機会も少なく、家でのんびり過ごしていたかな。安定期に入ってからは毎日2時間くらい歩くなど、運動も取り入れるようになってた。それでもやっぱり体重は増えちゃってたけど（笑）。

出産に対しての〝怖さ〟はまったくなかった。ずーっと「早く生まれてきてくれないかな」「会いたいな♡」という気持ちばっか。

そして迎えた7月9日。予定日より2日遅れたころに、ちょっと体の変化を感じたの。「そろそろ病院に行く？」なんて、のんびりとしゅんくんと話していて、朝の9時ごろに病院に到着。そのまま診察を受けたんだけど……。先生が「もう陣痛がきてますよ!!」って！ ほんまにびっくりした。まやは陣痛がきていることを認識していなかった。陣痛ってもっと痛いものを想像してたから（笑）。それ

ママりん　ロングインタビュー

“育児”がちょー楽しい！

—1日に何回も何回も幸せって感じる—

16歳で結婚と妊娠、出産を経験。ひと足先にいろんなことを経験したまやりん♡　新しい生活はどう？　ママになって育児は？　気になること、全部聞いてみた!!

Happy Childcare!

Question!
ベビちゃんはどっち似？

ほぼしゅんくん！

鼻と口はまや似なんだけど、雰囲気はしゅんくん。「しゅんくんに似てるね」って、みんな言う。

きばっているとき（笑）

実は一番好き！と言っても過言ではない（笑）。なんとも言えない顔が大好き。

寝顔

やっぱり寝顔はかわいい。よく赤ちゃんの寝顔は天使っていうけれど、本当にそう！

「こくん。こくん。」

睡魔とたたかっている最中、食べたいけど眠い。眠いけど食べたい、そんな姿もかわいい。

ひとりでおしゃべりしているとき

朝、ベビちゃんの声でまやが起きることも。柵からこっちをのぞいている姿とか、かわいいんだ。

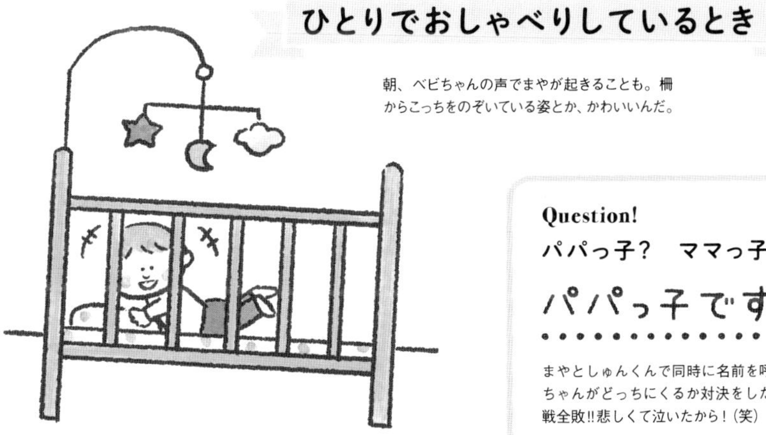

Question!
パパっ子？　ママっ子？

パパっ子です…

まやとしゅんくんで同時に名前を呼び、ベビちゃんがどっちにくるか対決をしたら……5戦全敗!!悲しくて泣いたから！（笑）

「腕の中で寝ているとき」

寝顔のなかでも腕の中で寝ているときはまた格別。安心して寝ている姿が大好き。

「しがみついてぎゅっとしてくる手」

だっこをやめようとすると「いや！」とぎゅっとしがみついてくる、その手がかわいすぎな！

もぐもぐ

小さな手でボーロを上手につまんでいたりするの。一生懸命さがほんまにかわいい！

なんでこんなにかわいいの！！

DEARきゅん

My Sweet Baby

「笑いかけてくれる♡」

まやが笑いかけると、それに応えるように笑い返してくれる。もうその笑顔、反則。

抱っこしてー！

まやがベビを抱っこしようと手を広げると、その姿に応えるように手を広げるの！

「きゃっ♡ きゃっ♡」

テンション高く、笑顔満面の姿を見ると、見ているまやたちも自然と笑顔になっちゃう。

Question!
あぁ♡かわいい！
と思うのはいつ？

全瞬間♥

生まれてから今日までずっとかわいいの、嘘なしに!! 愛おしいってこういうことをいうんだと思う！

泣いてるとき

泣いているのはかわいそうだけど、なにかを感じて泣いている姿に"人間らしさ"を感じるの。

MOMENT

親バカって言われることはわかってる（笑）。「何をしているときが一番かわいいの?」って質問には「全瞬間!!」って答えたくなる。だって、かわいくないときなんて一瞬たりともないから♡ そんなまやの天使、ベビちゃんがかわいい瞬間を厳選ピックアップしてみた。最近、表情がどんどん増えてきて。あぁ、本当にかわいすぎる!!

「泣きやんだとき」

他の人がだっこして泣いたときにまやが抱っこすると泣き止むの！もうかわいすぎるでしょ。

後追いしてくる姿

ふと振り返ると、まやの後ろを一生懸命に後追いしていることが。その姿ったらもう～!!

What's in MAYAマザーズバッグ

出産する前は少荷物派だったけど、さすがにママになったら荷物は増えた!　まやのじゃなくて、ベビちゃんのだけどね。今、使っているマザーズバッグの中をちょっとだけ見せちゃおかな。

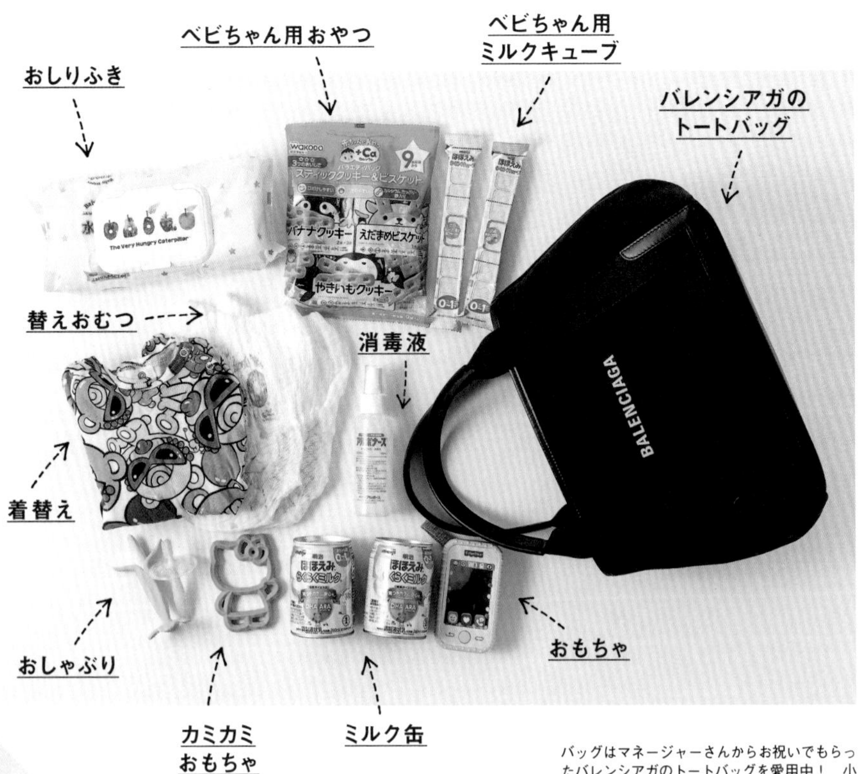

バッグはマネージャーさんからお祝いでもらったバレンシアガのトートバッグを愛用中！　小さめのサイズに見えるけど、マチがしっかりとあるから荷物がたっぷりとはいって便利！　上の写真の荷物に哺乳びんを足したら、ちょっとしたおでかけならできる感じになる！　どこでも使えるミルク缶は本当に必需品〜。

ベビちゃんの服、どんどん増えてる! ちっさくてかわいいんだよね。

自分の服はシンプルなものが多いけど、ベビちゃんのお洋服は……ほらこの通り!! 色も柄もいっぱい! ベビ服はサイズが小さいから、派手な色も柄もかわいく見えちゃうんだよね。プレゼントでもいただくし、自分たちも買っちゃうし。どんどん増えていて困っちゃう♡

リビングに置いてあるチェストがベビちゃん服の収納場所。これから着られるちょっと大きいサイズのものもここに収納。

ずっとロンパース系が好きだったんだけど、保育園に通うようになって上下別々の服も買うようになって……この量!!

1歳にして衣装持ちのベビちゃん(笑)。洋服は畳んだものを立てて収納することで、ぱっとひと目でわかるようになってるの。

Pattern ››› 3

家族でLINKコーデ

ベビが大きくなったら 3人でそろえるのが夢!

まやはLINK服が大好き。しゅんくんとのオソロ服もたくさん持ってるよ。ベビちゃんはまだサイズが小さいから、まんまいっしょ!って洋服をなかなか見つけられてないのが残念。本当はみんなでおそろいの服とか着たいんだよね。もうちょっと大きくなってくれればそろえられそうだから、今はそれが楽しみ!

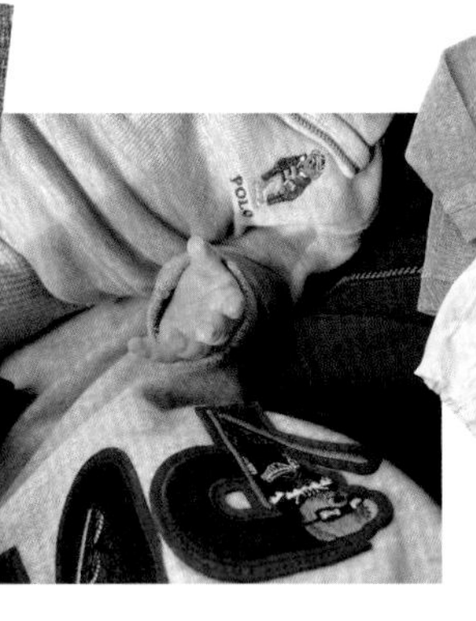

Pattern »» 2

LINK POINT

グレーって失敗しないから好き。ブランドが違っても色が似ているものが多いから、それっぽく見えるでしょ？

GRAY

これぞ、THE地元でママしているまや!

実は色とかも着てるんだよね

GREEN

LINK POINT

まや自身が色物を着るのは寒色が多め！　これもそろえようと思って買ったわけじゃないけど、たまたま色が似てた！

色でLINKコーデ

Pattern ≫ 1

BABY
≫
GAPのロンパース

MAYA
≫
GAPのスウェット

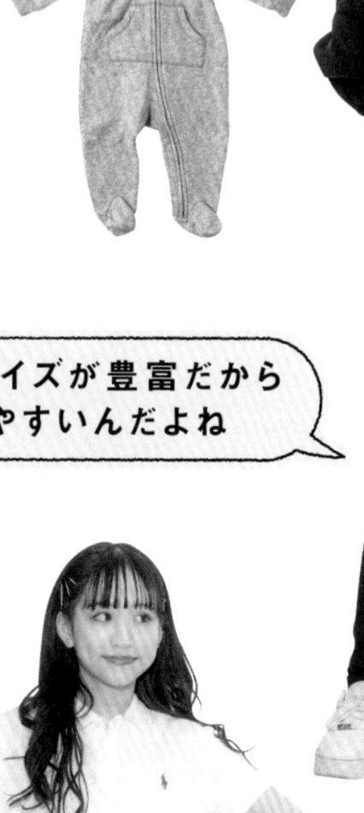

LINK POINT

GAPのスウェット、大好きでヘビロテしてる。ベビちゃんのロンパースも耳付きでかわいすぎるからお気に入りの一着。

GAPはサイズが豊富だからそろえやすいんだよね

MAYA
≫
ラルフ・ローレンのポロシャツ

LINK POINT

ベビちゃんのポロワンピにほれぼれしてる！ 合わせるまやのコーデはポロシャツとデニムでさらっとシンプルに。

BABY
≫
ラルフ・ローレンのポロワンピース

CUTE

さりげなくいっしょ？
くらいもおしゃれだよね

ブランドでLINKコーデ

\\ ベビとLINKしか勝たん♡ //

LINKコーデBOOK

まんま同じ服、ブランドがいっしょ、色がいっしょ!!
ベビちゃんと合わせるLINKコーデが楽しい! もっともっと同じ洋服を
そろえていきたいなって思ってるところ!

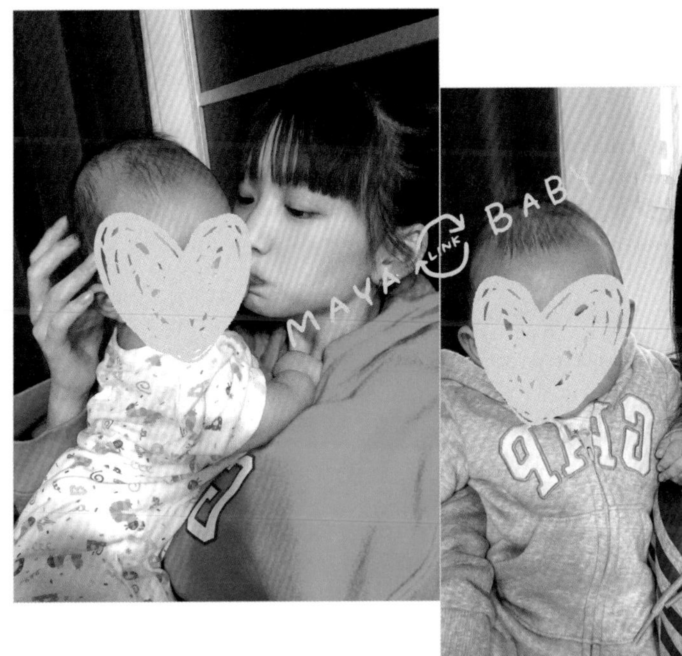

"オソロコーデ"ってかわいくない?

みんなでいっしょに着るとかわいいし

親子って、より感じれるし♡

LIVING ROOM

リビングはベビちゃん仕様に！　カーテンは雲柄だし、床には転んでも痛くないようクッション材を敷いてる。

１歳前なのにすでに絵本やおもちゃがいっぱい!!　プレゼントでいっぱいいただいて、本当にありがたい限り♡

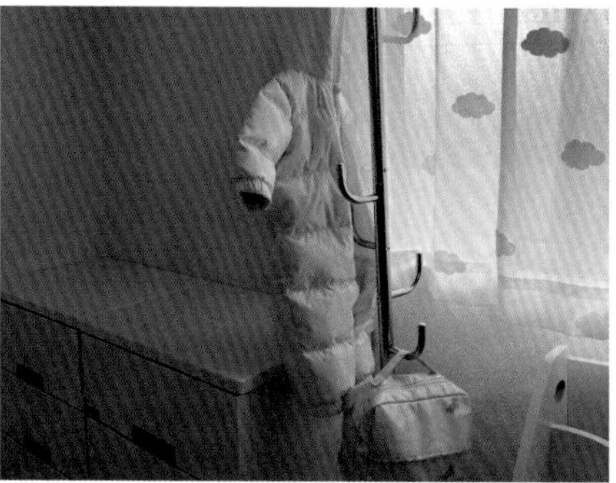

ここはベビちゃんコーナー。チェストにはベビちゃんの洋服やいただいたプレゼントなどを収納してるよ。

こんなお部屋で子育てしてます♡

まやりん子育て ROOM TOUR!!

今、まやが一番落ち着ける場所、それが自分のおうち♡　この家は去年の4月からしゅんくんと住み始めた家で2LDK。インテリアはまやのわがまま&趣味120%の“黒”で統一してる! リビングだけはベビちゃん仕様でピンク×白のお部屋になってるけどね。

KITCHEN

キッチンも黒家電ばっかり。炊飯器も黒なんだけど、小さいんだよね。今、新しいものに買い替えようか悩み中。

DINING

ダイニングテーブルは超お気に入り。淡いグレーの木目調で、これ以上のものにまだ出合ってないくらい!!

BEDROOM

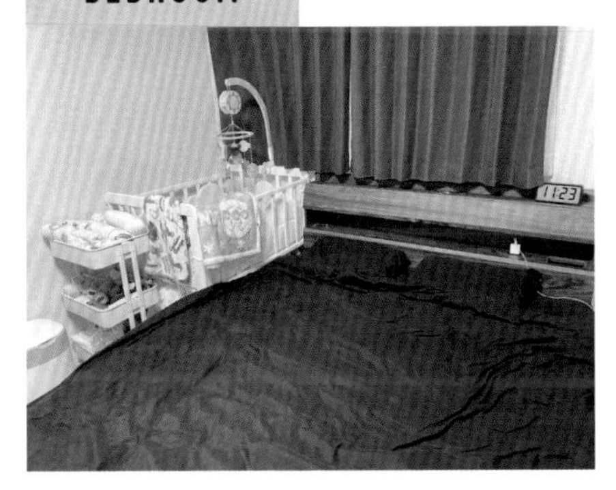

ベッドまわりも黒系！ でもね、これは後悔してる。ベッドまわりは細かいゴミやほこりが多くて目立つ。失敗……。

DINING

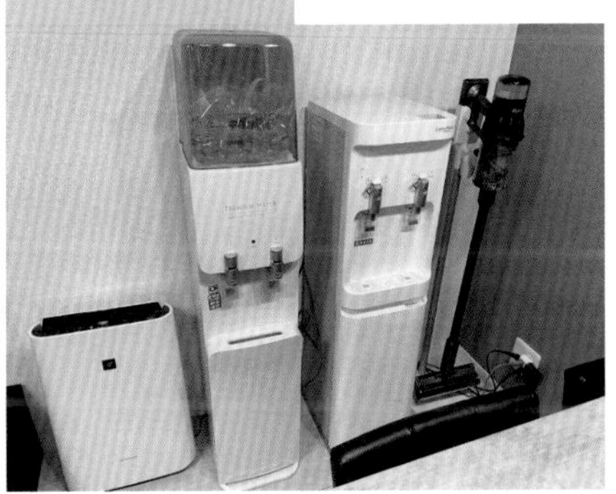

しゅんくんがセールスに押し切られて契約してきて2台……。ひとつ解約すればいいのにめんどくさくて(笑)。

チーズフォンデュ

チーズフォンデュはしゅんくんのオーダー。おうちでも外食気分を味わえるし、楽しいよね。

ホットプレートが大活躍

ペッパーランチ風ライス

これもSNSで見かけて作ってみた！　作り方は超簡単なのに、おいしくてできて大満足♡

しゅんくんの大好物♡

ビビンバ

いただいたホットプレートが大活躍。ハマりすぎて、ホットプレートありきでメニューを考る(笑)。

＼ しゅんくんはトロトロ派 ／

＼ まやは包む派 ／

オムライス

しゅんくんが夜食によくオーダーしてくる。中の具材はたまねぎとウインナーだけのシンプルなのが好き。

ちゃーんと作ってますよ！

まや's KITCHEN

ごはんもちゃーんと作ってるよ、まやが担当だもん。ごはんを食べてもすぐにお腹がすくしゅんくんのために夜食を作ってあげることも。

明太子パスタ

ハンバーグプレート

ハンバーグはしゅんくんの好物のひとつ。たくさん食べてくれるからハンバーグが超大きい（笑）。

アヒージョ

あ、しょっぱなから……これしゅんくん作だった（笑）。アヒージョが食べたかったんだって。

定番朝ごはん

健康を考えて白米には十五穀米やもち麦を入れて食べてるよ。納豆はまやもしゅんくんも大好き。

とうふグラタン

TikTokでレシピを見かけて作ってみた！　SNSで気になったメニューを作ることもあるよ。

ダイソンの掃除機

ずりばいをするようになって、より床の掃除には気を配るようになった。やっぱり吸引力のダイソンでしょ。

VACUUM
CLEANER

シャープの空気清浄機

細かいほこりとか気になるから。空気清浄機を取り入れてみた！　……きっと空気をキレイにしてくれてるよね？（笑）

ウォーターサーバー

ミルクを作るのに必須のお湯がすぐに出るウォーターサーバーは必需品。毎回、お湯を沸かすのは大変だもん。

QOLが上がった
家電たち♡

家族みーんなが助かったやつ!!

車

しゅんくんが免許を取ってくれたから車を購入。赤ちゃんがいると移動が大変だから、車は本当に買ってよかったもののひとつ!

エルゴの抱っこひも

免許なしのまやの移動はほぼ自転車だから抱っこひもは必需品。ベビちゃんも抱っこひもをすると安心するみたい。

アップリカのベビーカー

まやも何がいいのかはよくわかってないけど、とりあえず王道のアップリカ製を愛用中。いつまで乗ってくれるのかな〜。

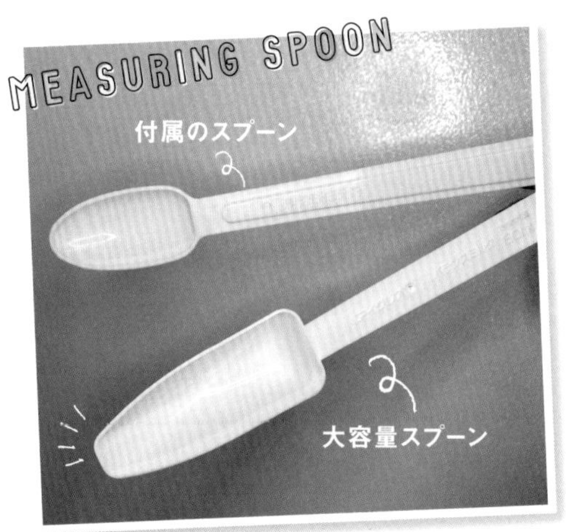

ミルク用 大容量軽量スプーン

夜中のミルクタイム。眠くて何杯入れたかわからなくなることも……。大容量スプーンなら、量る回数が減って便利！

ハンド式チョッパー

普段の料理はもちろん、離乳食を作るときにも便利。ひもを引っ張るだけで、みじん切りがあっという間に完成。

妊娠・子育てアプリ「ninaru」

とくに離乳食アプリは食材検索ができたり、月齢に合わせた離乳食を調べられたりとママ１年目には必需品。これには本当に助けられた。

ミルクや離乳食作りに大活躍！

ベビちゃん用の離乳食にも大活躍！

今は離乳食後期に突入。いろんな食材を試してみたり、大きさを変えてみたり。いろいろ試しながら、離乳食を手作りしているよ。

ベビちゃんの
お世話の必需品!

ママりん
救世主GOODS

ママとして忙しく過ごす一日を助けてくれるグッズは? “ママ”をちょっと先取りしたまやりんがお気に入りのアイテムをピックアップ。

TABLE CHAIR

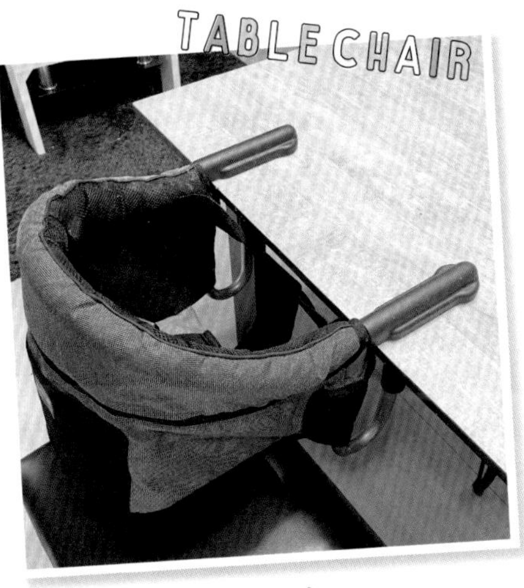

カトージの テーブルチェア

ダイニングテーブルにいっしょに座れるのがいい。ベビちゃんも並んで座れるのがうれしいみたい。

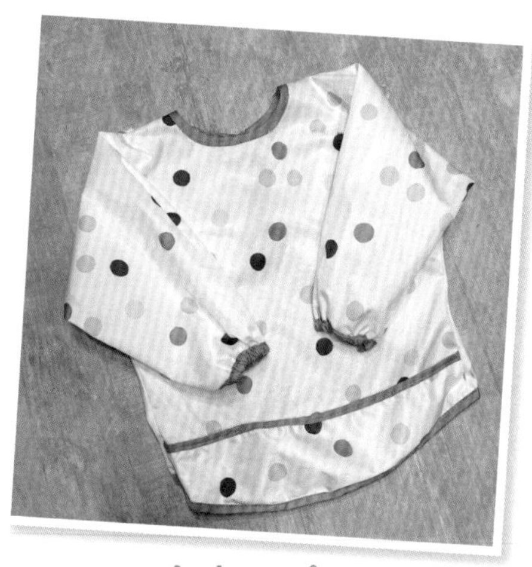

お食事エプロン

自分で手づかみして食べるようになるころには必需品。洋服タイプだから、そでとかも汚れにくくておすすめ。

クロビスベビー

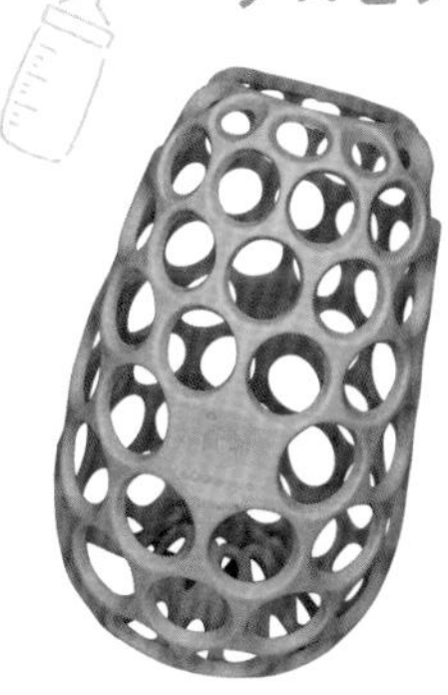

哺乳びんにはめて使うもの。あみめに指がひっかかり、すべり止めになるから哺乳びんを持つことに慣れてないころに◎。

缶ミルク

缶を開けたらそのまま飲ませられるミルク。ミルクを作るお湯を準備できない外出先や緊急事態のときに役立つ!

ベビちゃんが生まれてからもうすぐ1年。
ほんまにあっという間だった。
生まれてきたのが昨日のことのように感じる!!
ベビちゃんが生まれてから、まやの生活も一変した。
食生活はもちろん、生活スタイルも規則正しくなって、
まや自身も健康的になったと思う。
改めてベビちゃん、生まれてきてくれてありがとう♡（笑）

試行錯誤しながら頑張り中

ママりん子育て 1年物語。

すべて“はじめて”のママ1年め、まやりんの子育て奮闘記! 多くの同世代の子がまだ経験していない子育てのこと教えて!! ママりん♡

まいにちがルーティーンみたいな生活だけど
そんなルーティーンこそ愛おしい
ベビちゃんはまいにち成長して
まいにちがまやにとってとくべつ

ママりんのストーリーズ　B面

パジャマセット¥2,959
／チュチュアンナ

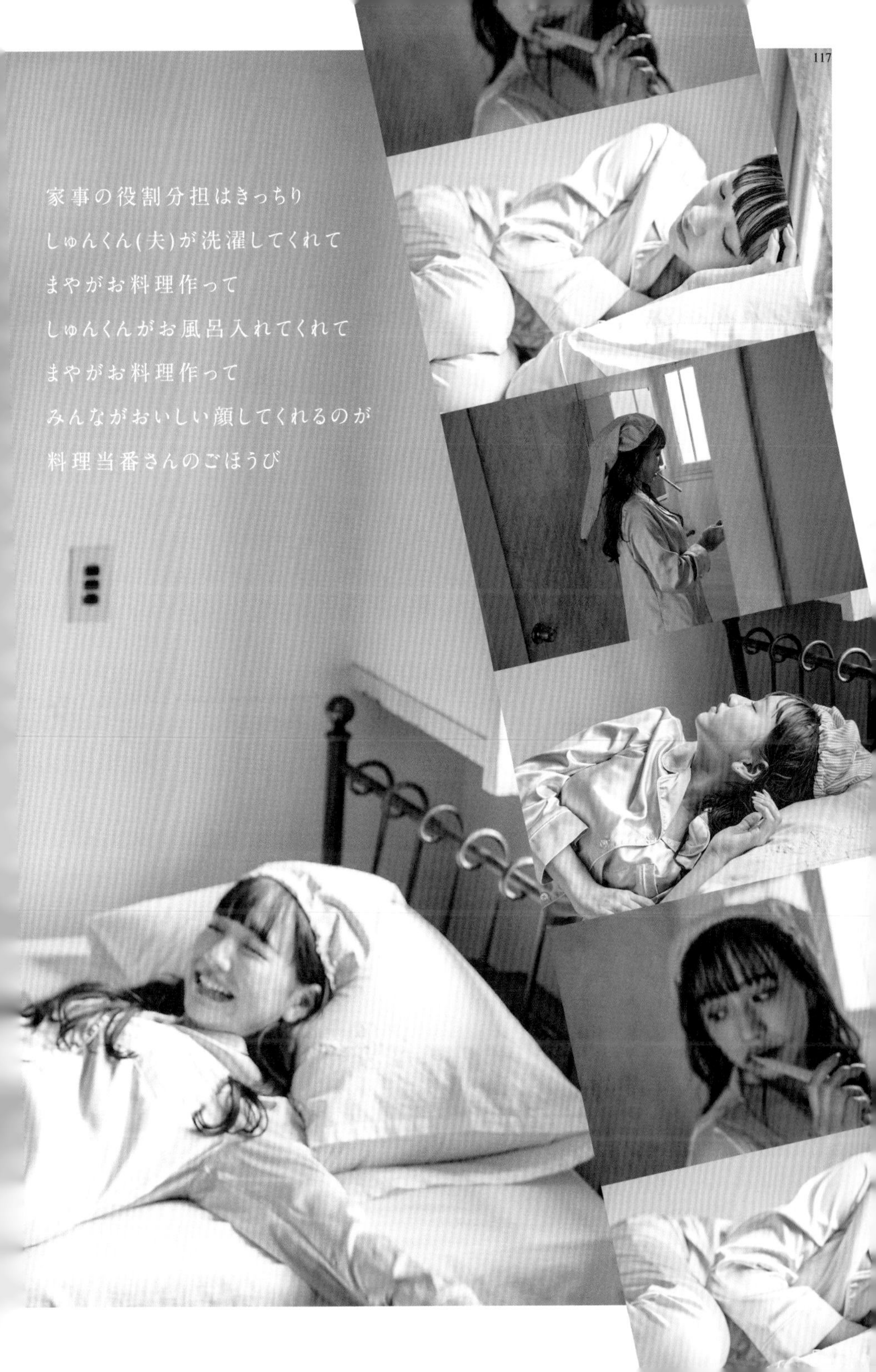

家事の役割分担はきっちり
しゅんくん(夫)が洗濯してくれて
まやがお料理作って
しゅんくんがお風呂入れてくれて
まやがお料理作って
みんながおいしい顔してくれるのが
料理当番さんのごほうび

つかの間の時間を見つけたら
それは仕事や買い出しチャンスタイム
しっかりメイクタイムなんかもなかなかないから
週6くらいですっぴんライフです

Good!!

ベビちゃんとの暮らしになって、生活が規則正しくなってくる
毎朝8時に起きて、大好物の赤ちゃん用ヨーグルトを準備
ぼけーっとしてるとすぐに保育園の時間です

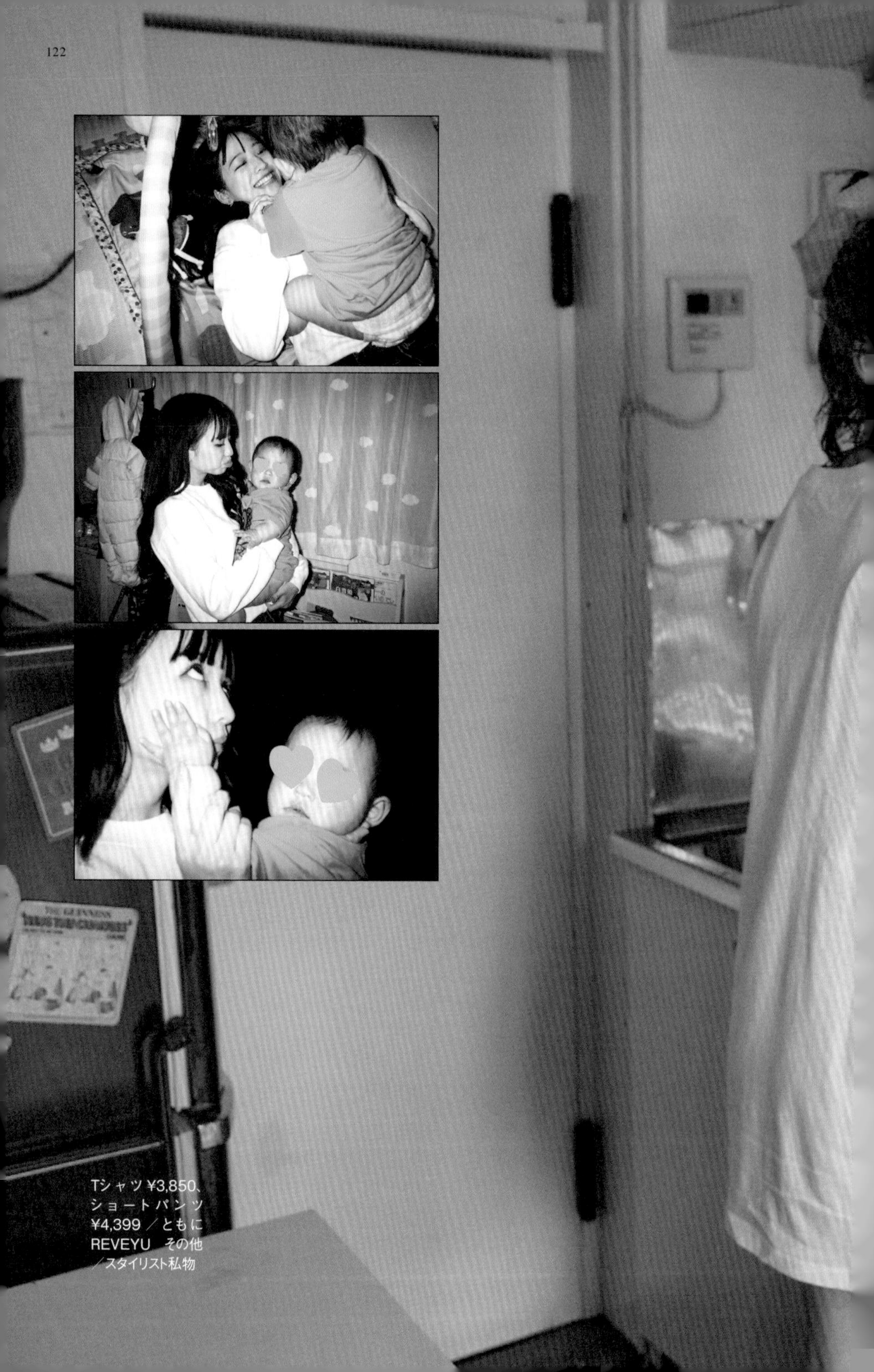

Tシャツ ¥3,850、ショートパンツ ¥4,399 ／ともに REVEYU　その他／スタイリスト私物

プロローグB
ママに夢中です。

まだかな？

とくべつないつも

―ママりん編―

ママが唄えば

2020年7月9日17:36
まやたちのもとにやってきてくれたベビちゃん。
あれから1年がたちました。
当たり前だけどはじめての経験ばかりで、
てんてこまいな毎日、ママ1年生です。
世の中のママさんたちみなさんをあらためて尊敬するのでした。
でも心配していたよりもベビちゃんはとてもいい子で、
ご機嫌にしてくれる日が多くて助けられています。
ときどきグズるときもあるけど
そんなときは唄って一緒にのりこえます。
育児はもちろん大変です。でも前よりみんな笑っています。
それにつられてベビちゃんもご機嫌なのかもしれません。
そんなまやとベビちゃんのこと、お話しします。

とくべつないつも

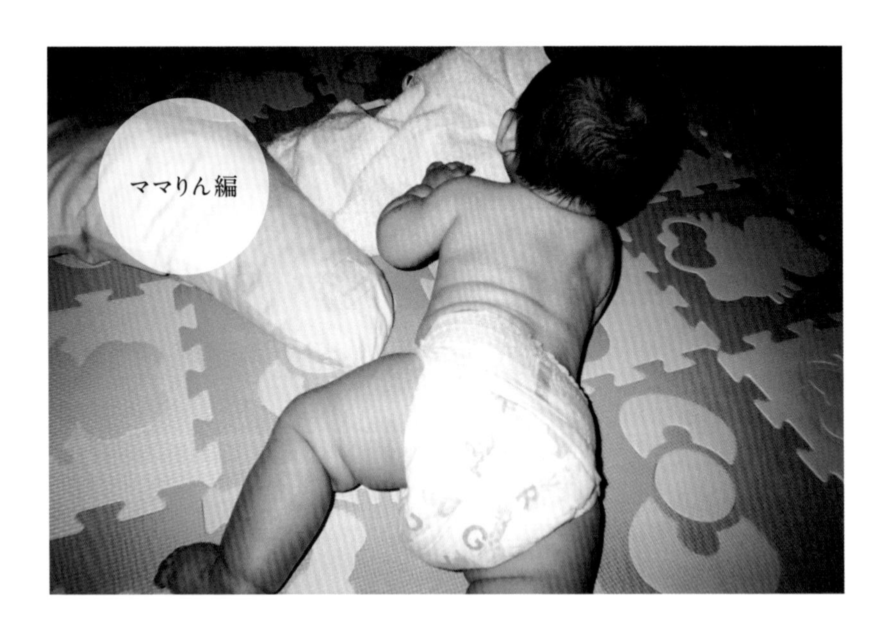